Claude Lévi-Strauss

Sehen
Hören
Lesen

Aus dem Französischen von
Hans-Horst Henschen

Carl Hanser Verlag

Titel der Originalausgabe:
Regarder Écouter Lire
Librairie Plon, Paris 1993

1 2 3 4 5 95 96 97 98 99

ISBN 3-446-18057-5

Satz: Fotosatz Reinhard Amann, Aichstetten
Druck und Bindung: Friedrich Pustet, Regensburg
Printed in Germany

Inhalt

Poussin betrachten

I

Proust komponiert die Sonate Vinteuils und ihre kleine »Phrase« aufgrund von Eindrücken, die er beim Hören von Musik Schuberts, Wagners, Francks, Saint-Saëns' oder Faurés empfangen hat. Wenn er die Malerei Elstirs beschreibt, weiß man nie, ob er an Manet oder eher an Monet oder gar an Patinir denkt. Die-selbe Ungewißheit herrscht in bezug auf die Identität der Schriftsteller, die in der Person von Bergotte übereinanderkopiert sind.

Dieser Synkretismus, dem Zeit fremd bleibt, geht Hand in Hand mit einem anderen, der im jeweils gegenwärtigen Augenblick verschiedene Zeitebenen von Ereignissen oder Begebenheiten heraufbeschwört und zusammenführt. Aufgrund seiner Äußerungen und Reflexionen scheint der Erzähler auf ein und derselben Buchseite bald acht, bald zwölf, bald achtzehn Jahre alt zu sein: *»... da unser Leben ja so wenig chronologisch verläuft«*, wie er während des Aufenthaltes bei seiner Großmutter in Balbec anmerkt.

Dazu die sehr treffende Passage von Jean-Louis Curtis: *»Es gibt in der* Recherche *weder verlorene noch wiedergefundene Zeit, es gibt lediglich eine Zeit ohne Vergangenheit und Zukunft, die eigene Zeit der künstlerischen Schöpfung. Ebendeshalb ist die Chronologie in der* Recherche *so fließend, so verwinkelt, so ungreifbar, bald ausdehnbar, bald kurzgeschlossen, nie linear und, wohlgemerkt, nie datierbar.* [...] *Man fragt sich, ob die auf den*

Champs-Élysées spielenden Kinder noch im Wiegenalter oder bereits in dem der ersten heimlich gerauchten Zigarette sind.«

Aus diesem Blickwinkel tritt die unwillkürliche Erinnerung nicht einfach in Gegensatz zur bewußten Erinnerung, jenem Sich-erinnern, das Aufklärung verschafft, ohne neuzubeleben. Ihre Eingriffe ins Netz der Erzählung kompensieren, balancieren ein Kompositionsverfahren aus, das den Verlauf der Ereignisse und ihre Ordnung in einer Dauer verändert, systematisch verändert, die Proust tatsächlich ohne jedes Bedenken behandelt: *»Einige verlangten, der Roman solle uns etwas wie einen kinematographischen Ablauf der Dinge vor Augen führen. Diese Auffassung war absurd. Nichs entfernt weiter von dem, was wir in Wirklichkeit wahrgenommen haben, als eine solche kinematographische Schau.«*

Die Gründe für diese Parteinahme sind nicht nur, vielleicht sogar vor allem nicht philosophischer oder ästhetischer Art. Sie sind unlösbar mit einer Technik verknüpft. Die *Recherche* setzt sich aus unter verschiedenen Umständen und in unterschiedlichen Epochen gesammelten Bruchstücken zusammen. Dem Autor geht es darum, sie zu einer befriedigenden Ordnung zusammenzufügen, will sagen: zu einer Ordnung, die der Konzeption konform ist, die er von der Wahrhaftigkeit hat, zumindest in den Anfängen; die aber in dem Maße, wie die Komposition voranschreitet, zunehmend schwieriger zu respektieren ist. Bei bestimmten Gelegenheiten muß mit »Resten« gearbeitet werden, und die Unstimmigkeiten treten dann deutlich zutage. Gegen Ende der *Wiedergefundenen Zeit* vergleicht Proust seine Arbeit mit der eines Schneiders, der ein Gewand aus bereits zugeschnittenen Teilen fertigt; oder, wenn das Stück bereits abgetragen ist, aus Flickwerk. Auf dieselbe Weise geht er in seinem Buch vor und klebt Fragmente zusammen, indem er, *»um die Realität neuzuschaffen, das Bild einer Person mittels einer vielen gemeinsamen Schulterbewegung komponiert,* [...] *dazu aber auf diesen Schultern die von einem anderen gemachte Halsbewegung fixiert«* und eine einzige Sonate, eine einzige Kathedrale, ein einziges junges Mädchen aus Eindrücken zusammensetzt, die an jeweils mehreren gewonnen wurden.

Diese Montage- und Collagetechnik macht das Werk zum Ergebnis einer doppelten Artikulation. Ich löse den Ausdruck hier bewußt von seinem Gebrauch in der Linguistik. Diese Bedeutungserweiterung scheint mir gleichwohl legitim, und zwar in Hinsicht darauf, daß die Einheiten erster Ordnung bereits literarische Werke sind, kombiniert und geordnet, um ein literarisches Werk höheren Ranges hervorzubringen. Diese Art der Arbeit weicht von jener anderen ab, die mit Projekten und Skizzen verfährt, die in der endgültigen Niederschrift umgearbeitet werden, anstatt daß die Mosaiksteinchen im Endzustand des Werkes erkennbar bleiben und ihre Identität bewahren.

II

Dasselbe gibt es auch in der Malerei. Meyer Schapiro hat, glaube ich, als erster die Aufmerksamkeit auf die ins Auge fallenden unterschiedlichen Größenverhältnisse der Personen auf Georges Seurats Bild *Sonntagnachmittag auf der Ile de la Grande Jatte* gelenkt. Sei der Grund dafür nicht eben der, daß Seurat seine Figuren oder Figurengruppen als voneinander unabhängige Einheiten konzipiert und sie dann im Verhältnis zueinander verschoben und disponiert habe (wahrscheinlich nach mehreren sukzessiven Versuchen, die allesamt Erfahrungen mit dem Werk darstellten)? Daher rührt die – wie Diderot sagen würde – ganz besondere »Magie« der *Grande Jatte*, die an einem zur Promenade bestimmten öffentlichen Ort Personen oder Personengruppen nebeneinanderstellt, die in ihrer Vereinzelung erstarrt und sich nicht einmal der Präsenz der jeweils anderen bewußt zu sein scheinen; angesiedelt unter *»jenen stummen Dingen«*, von denen Poussin, Delacroix zufolge, gesagt hat, er habe sie sich zur Lebensaufgabe erkoren. Und das taucht das Bild in eine außerordentliche Atmosphäre des Geheimnisvollen.

Gerade diese Atmosphäre hätte Diderot energisch verworfen: *»Man unterscheidet«*, schreibt er, *»zwischen malerischer und ausdrucksvoller Komposition. Ich frage aber den Teufel danach, ob der Künstler seine Gestalten so gruppiert habe, daß sich die pikantesten Lichteffekte ergeben, wenn das Ganze in keiner Weise zu meiner Seele spricht, wenn diese Personen dort so wirken, als* *wüßten sie nicht, daß sie sich auf einer öffentlichen Promenade befinden* [...]«; man glaubt, eine vorweggenommene Beschreibung und unwiderrufliche Zurückweisung eben dessen zu lesen, was Seurat in der *Grande Jatte* gemacht hat.

Dieses Kompositionsverfahren gab es bereits bei Hokusai. Mehrere Seiten der *Hundert Ansichten des Berges Fuji* bezeugen, daß er wahrscheinlich, wie Proust seine »Paperassen«, nach der Natur gezeichnete Landschaftsfragmente und -details durch bloße Nebeneinanderreihung wiederverwendete, die er in seinen Skizzenbüchern festgehalten und dann in die Komposition übertragen hat, ohne Rücksicht auf die unterschiedlichen Größenverhältnisse zu nehmen.

Vor allem Poussin illustriert das Verfahren der doppelten Artikulation, auf ganz andere Weise zwar, die aber seine »versteinerten« Figuren ebenso erklärt wie die der *Grande Jatte* (sein Genie, sagt Philippe de Champaigne, *»hatte eine große Vorliebe für das Feste«*); und daß Diderot im Zusammenhang mit ihm von der »Naivität« seiner Figuren hat sprechen können, *»das heißt* [sie sind] *vollkommen und rein das, was sie sein sollen«*; und Delacroix von einem Primitivismus, bei dem *»die Freiheit des Ausdrucks durch keine Ausführungsroutine verdorben wird«*; derselbe Delacroix, der ihn schließlich, *»aufgrund seiner absoluten Unabhängigkeit von jeder Konvention«*, zu einem *»Neuerer der seltensten Art«* stempelt.

Beim Betrachten der Werke Poussins hat man ständig den Eindruck, daß er die Malerei neu erfindet oder daß er zumindest aus jenem 16. Jahrhundert, das seine Geburt erlebte, den Meistern des Quattrocento die Hand reicht, in erster Linie Mantegna (auf dem Gymnasium bekam ich in der Sexta – zu einer Zeit, als mich mein Vater häufig in den Louvre mitnahm – als Aufsatzthema die Aufgabe gestellt, mein Lieblingsbild erzählerisch zu beschreiben; ich wählte den *Parnass*).

Und sogar noch weiter zurück, denn die Einbildungskraft von Poussin legt manchmal jene freilich von seinem Genie sublimierte Unbefangenheit an den Tag, deren verderbten Reiz dann Rimbaud gegen Ende des vorigen Jahrhunderts in den Zeltbildern der

Jahrmarktsbuden suchte. So scheint in *Venus, die Aeneas seine Waffen reicht* im Museum von Rouen jene Göttin, die in Reichweite der Hand in den Lüften schwebt, gesondert entworfen und ausgeführt und dann ganz einfach als solche auf die Leinwand übertragen worden zu sein. Oder gar, in *Der in Daphne verliebte Apollo* im Louvre, die behaglich (man staune!) im Geäst einer allzu kleinen Eiche eingerichtete viel zu große Nymphe, behaglich, als ob das ein Sofa wäre. Ebenso, im *Blinden Orion*, die bürgerliche Haltung der auf ihrer Wolke wie auf einem Kaminsims in einem Salon hingestreckten Diana.

Vielleicht hatte Delacroix Dinge dieser Art vor Augen, wenn er bei Poussin *»eine äußerste Trockenheit* [der] *Figuren«* kritisierte, *»die keine Verbindung zueinander haben und* [die] *geradezu ausgeschnitten erscheinen«* – ein Zug, der in der räumlichen Dimension dem entspricht, was man in der zeitlichen bei Proust beobachten kann. Mängel in den Augen von Delacroix, die er, zweifellos zu Recht, in Zusammenhang damit bringt, daß die Bilder von Poussin zu erkennen geben, was ich doppelte Artikulation genannt habe: Perfektion *»hat Poussin nie erstrebt und wünscht er sich auch nicht; seine Figuren sind wie Statuen nebeneinandergestellt; rührt das von der Gewohnheit her, die er angeblich hatte, sich kleine Modelle anzufertigen, um die richtigen Schatten zu bekommen?«*, »[...] *kleine, vom Licht des Ateliers erhellte Wachsmodelle«.*

Auch Antoine Coypel bedauerte im Jahre 1721, daß der Figurendarstellung Poussins *»eine natürlichere, weniger trockene und leichtere Manier«* fehle, *»an der die feuchten Tücher und die Wachsmarionetten ihn zweifellos hinderten«*. Ingres, besser beraten, hielt seinerseits fest: *»Sich einen kleinen Raum à la Poussin machen: unerläßlich für die Lichteffekte.«*

(Unter den Poussin zugeschriebenen Äußerungen trifft man auf eine Parallele zwischen der artikulierten Sprache und der Malerei, einen Rohentwurf der linguistischen Theorie der doppelten Artikulation: *»Wenn Du von der Malerei sprichst, sage* [...], *daß die vierundzwanzig Buchstaben des Alphabets dazu dienen, unsere Rede zu bilden und unsere Gedanken zum Ausdruck zu* *bringen, so wie die Umrisse des menschlichen Körpers dazu, die verschiedenen Leidenschaften der Seele auszudrücken, um das nach außen treten zu lassen, was einem geistig vorschwebt.«*)

Bekanntlich hat Poussin gern in Wachs modelliert; zu Beginn seiner Laufbahn nach antiken Vorbildern und sogar in der Absicht, Teile von Bildern der großen Meister als Flachrelief zu reproduzieren. Mehrere Augenzeugen berichten, daß sich Poussin, bevor er ein Gemälde in Angriff nahm, kleine Wachsfiguren anfertigte. Er ordnete sie auf einem Brettchen an, und zwar in ebenden Stellungen, die jeweils der Szene entsprachen, die er sich ausmalte; er hüllte sie in feuchtes Papier oder weichen Taft und formte die Faltenwürfe mit Hilfe eines spitzen Stäbchens. Mit diesen Modellen vor Augen begann er zu malen. Kleine Löcher, in die Wände der Schachtel gebohrt, die die gesamte Szenerie in sich barg, ermöglichten es ihm, sie von hinten oder seitlich zu beleuchten, das Licht von vorn zu kontrollieren und die Längen der geworfenen Schatten auszumessen. Kein Zweifel, daß er auch versuchte, die Figürchen zu ziehen und zu verschieben, um die Komposition der Szene festzuhalten, deren verkleinertes Modell er damit konstruierte.

Das Verfahren war seinen Vorgängern durchaus nicht unbekannt. Mehrere hatten damit gearbeitet, zu Zeiten Poussins aber war es, wie Anthony Blunt anmerkt, außer Gebrauch gekommen, weil es zuviel Aufwand erforderte. Bezeichnenderweise hat Poussin es wiederaufgegriffen und mit einer Sorgfalt praktiziert, von der unsere Quellen Zeugnis geben. Jedenfalls sieht man bei keinem anderen Maler so deutlich die systematische Benutzung des dreidimensionalen Modells und seine Präsenz hinter dem vollendeten Bild. Seine Figuren scheinen weniger auf die Oberfläche der Leinwand aufgetragen und gemalt als in ihre unwahrscheinliche Dichte einskulpiert.

Eine Kompositionsweise, die er sich so vollkommen angeeignet hat, daß sie beinahe zur Denkweise wird, der man auch jene sehr durchdachten Natur- und Stadtlandschaften verdankt, die den Zuschauer zur Versenkung einladen und ihm mehrere Wegstrecken zur Wahl stellen: *»Es hat den Anschein, daß man in alle*

Länder reist, die er darstellt«, sagt Félibien; eine Träumerei, die, in sich über diese Ausdehnung des Raumes hin erstreckender Dauer, die Betrachtung der Bilder Poussins verlängert. Die den Dingen zugeschriebene Dreidimensionalität kontrastiert mit der so häufigen Zweidimensionalität der Personen (die, wie gesagt, gleichsam als Basrelief dargeboten werden). Im Verhältnis zu den Individuen erhebt sie die Welt der Dinge in eine dominierende Position. Wahrscheinlich ist es bezeichnend, daß das Zeitalter Poussins das Auftreten von Reliefdarstellungen ein wenig vorwegnimmt, die auf den Zuschauer einen analogen magischen Reiz ausüben.

Einer der Gründe der Originalität und der monumentalen Größe, die Delacroix an Poussin beeindruckten, liegt meiner Meinung nach darin, daß seine Bilder Werke zweiten Grades sind, wobei der erste derjenige ist, den bereits, wenn auch mit einfacheren und wesensverschiedenen Mitteln, das Modell als eine Art vollendetes Werk realisiert hat: ein Stadium, in dem die Kunst bereits alle Ressourcen einer Bastelarbeit ausgeschöpft hat, der Poussin nach Félibien wahrscheinlich *»die Fähigkeit«* verdankt, *»in kleinen Räumen große und kunstvolle Figurendispositionen auszubreiten«*.

Nichts ist freilich den Bestrebungen fremder, die der romantischen Schöpfung ihren Hauptimpuls verleihen. Daher rühren dann die Ausflüchte von Delacroix, der, trotz seiner Bewunderung für Poussin, so weit geht, ihm zeitweise Le Sueur vorzuziehen: *»Poussin verliert viel in der Nachbarschaft von Le Sueur«*, der mehr Aufmerksamkeit auf die *»Geschmeidigkeit, die Sanftheit des Effekts oder den Schwung der Komposition«* verwendet, was ihm *»eine Einheit, eine Farbabstufung«* ermöglicht, die Poussin fehlen.

Ein verwirrendes Urteil, das aber nicht ohne Analogie zu der Vorliebe ist, die Delacroix aus denselben von der Malerei auf die Musik verschobenen Gründen vorübergehend auch für Cimarosa hegt, der für ihn *»dramatischer«* als Mozart ist. An Cimarosa lobt er *»jene Proportion, jenen Geschmack, jenen Ausdruck, jene Heiterkeit, jene Zartheit und vor allem* [...] *jene unvergleichliche Eleganz* [...], *die nicht mehr aus der Perfektion kommt, sondern*

»Et in Arcadia Ego«

Von Guercino bis Poussin

Giovanni Francesco Guercino, *»Et in Arcadia Ego«*
Rom, Galleria Corsini. (Photo Artephot/Fabbri)

Nicolas Poussin, *Eliezer und Rebekka*
Paris, Musée du Louvre. (Photo R.M.N.)

Folgende Seite oben:
Nicolas Poussin, *»Et in Arcadia Ego«*
(Die Schäfer in Arkadien, erste Fassung)
Chatsworth, Derbyshire,
The Trustees of the Chatsworth Settlement.

Folgende Seite unten:
Nicolas Poussin, *»Et in Arcadia Ego«*
(Die Schäfer in Arkadien, zweite Fassung)
Paris, Musée du Louvre. (Photo R.M.N.)

die Perfektion selbst ist«; eine Perfektion, die er Mozart abspricht, wie er sie auch Poussin abspricht.

Poussin habe also, weil er mit der Konvention gebrochen habe, den modernen Schulen auf eher negative Weise den Weg geebnet: jenen Schulen, die *»nach den Effekten, die auf die Einbildungskraft auszuüben der Malerei gegeben ist, an der Quelle selbst suchen«*. Hat man darunter zu verstehen, daß Le Sueur (in dieser Passage, wo er eher mit Poussin gleich- als ihm gegenübergestellt wird) fortgeschrittener gewesen ist? Nur mit Mühe erwehrt man sich des Eindrucks, daß, wenn Poussin und Le Sueur bei Delacroix *»die Naivität der primitiven Schulen Flanderns und Italiens«* in Erinnerung rufen, Poussin für ihn gewissermaßen der »Primitive« von Le Sueur ist.

III

In einer Studie zu Poussins *Schäfern in Arkadien* hat Erwin Panofsky einen dreifachen Nachweis geführt:

1. Die Formel *Et in Acardia ego* erscheint zum erstenmal auf einem Bild von Guercino, gemalt um 1621–1623, also kurz vor der Ankunft Poussins in Rom. Dieses Bild stellt zwei Schäfer dar, die vor einem großen, im Vordergrund auf einer Steinplatte ruhenden Totenschädel meditieren.

2. Korrektes Latein vorausgesetzt, läßt sich diese Formel nicht mit »Auch ich habe in Arkadien gelebt« übersetzen, wie das gewöhnlich getan wird, sondern (die gebildeten Leute der Zeit wußten das sehr wohl) mit: »Auch ich bin da, ich existiere, sogar in Arkadien«. Es ist also der (Toten-)Schädel, der spricht, um in Erinnerung zu rufen, daß die Menschen nicht einmal in der glückseligsten aller Wohnstätten ihrem Geschick entrinnen.

3. Ein erstes Bild Poussins zu dieem Thema, gemalt wahrscheinlich um 1629/30, läßt sich sehr direkt von dem Guercinos anregen; und die in den Stein des Sarkophags gemeißelte Inschrift kann keine andere Bedeutung haben. Obwohl der auf das Grabmal gestellte Totenschädel sehr klein und kaum sichtbar ist, bleibt es doch immer noch er (oder das Grabmal als Symbol des Todes), der sich zum Ausdruck bringt.

Laut Panofsky legt die zweite Fassung der *Schäfer in Arkadien* (im Louvre), fünf oder sechs Jahre später gemalt (Thuillier zufolge um 1638/39), gleichwohl die Vermutung nahe, daß Poussin die Bedeutung der Formel in ebendem Sinne verändert hat, wie er seit dem Ende des 17. Jahrhunderts gewöhnlich übernommen worden ist, indem er so aus seinem Bild *»anstatt einer dramatischen Begegnung mit dem Tod eine verzehrende Betrachtung über die Idee der Sterblichkeit«* machte.

Das heißt, wie mir scheint, einen bestimmten Umstand außer acht lassen: Die erste Fassung läßt sich nicht einfach vom Bild Guercinos beeinflussen, sie bildet den Übergang zwischen ihm und der Version im Louvre; und sie gibt zu erkennen, daß und wie sich die plastische Einbildungskraft Poussins im Laufe der Jahre entwickelt hat, ohne daß man auf die Hypothese eines Bruchs in der Bedeutungsdimension zurückgreifen müßte, wie das Panofsky vorschwebte.

In dieser Version lassen sich nämlich zunächst zwei Unterschiede zum Bild Guercinos erfassen. Der Totenschädel, der in den Hintergrund tritt, ist so klein dargestellt, daß er bedeutungslos wird; in der zweiten Fassung wird er sogar vollständig verschwinden. Dagegen bemerkt man im Hintergrund der zweiten Version eine Schäferin, die bei Guercino nicht vorkam, während in der Louvre-Fassung eine Frauengestalt in den Vordergrund rückt: nicht mehr leicht gewandet wie die Schäferin, sondern mit antikem Faltenwurf und als deutlicher Kontrast zu den halbnackten Schäfern gesetzt.

Es sieht ganz so aus, als ob der Totenschädel rechts im Vordergrund des Bildes von Guercino seinen Platz der Frau räumte, die in der zweiten Version von Poussin dieselbe Position einnimmt und dieselbe Bedeutung zugesprochen bekommt; und als ob die erste Fassung mit ihrem auf eine Mahnung reduzierten Totenschädel und dem diskreten Auftritt einer weiblichen Gestalt ein Zwischenglied zwischen den beiden bildete.

Man wäre versucht, einen dritten Unterschied in ebendiesem Sinne zu deuten. Den Spezialisten zufolge ist der Greis, der in der ersten Version rechts im Vordergrund zu sehen ist, dort von Poussin angeblich aus Sorge um Symmetrie mit einem anderen Bild plaziert worden, zu dem dieses hier das Gegenstück bilden sollte. Dieser Greis, der an die Stelle des Totenschädels bei Guercino tritt, stellt den Fluß Alpheios dar, dessen Quelle in Arkadien entspringt. Man glaubte, daß er das Meer durchströmte, um sich in Sizilien mit der ihrerseits in eine Quelle verwandelten Nymphe Arethusa zu vereinen. Könnte das symbolische Bild des Flusses oder besser seiner Strömung in diesem Zwischenstadium, das die erste Fassung darstellt, das Denken des Betrachters nicht von dem zum Verschwinden tendierenden Totenschädel in Richtung einer jungen Frau lenken, in die Poussin ihn in der zweiten Version verwandelte?

Als Poussin diese erste Version malte, hatte er die zweite wahrscheinlich noch nicht explizit vor Augen. Aber die Keime der Transformation, die sich geistig bei ihm vollziehen sollte, waren wahrscheinlich bereits präsent.

Ob Poussin diese Transformation nun später ausdrücklich konzipiert hat oder ob sie von Anfang bis Ende das Produkt einer unbewußten Arbeit war: müßte man in beiden Fällen nicht aus dem Vorhergehenden schließen, daß diese neue, so statische junge Frau (die in dieser Beziehung in Gegensatz zur Lebendigkeit der drei Schäfer tritt) den Tod oder wenigstens das Schicksal darstellt, unter diesem schmeichelhaften Äußeren, das ihr durchaus ansteht, wenn sie sich selbstherrlich Geltung verschaffen will, »sogar in Arkadien«? Im Gegensatz zur Frau der ersten Version, die eine Randposition einnimmt und gut und gerne als reizende Gefährtin von Schäfern gelten kann, hat die der zweiten die Größe und Unantastbarkeit einer mythologischen Gestalt. Mit ihrer herrscherlichen Hoheit wäre sie es also, die die in den Stein des Grabmals gemeißelten Worte verkörpert und die Schäfer zur Lektüre einlädt. »Auch in Arkadien«, bedeutet sie ihren Gefährten durch ihre bloße Präsenz, »ich bin da, euch zur Seite«.

Nur zu gern malt man sich sogar ein Szenarium aus. Vielleicht hat die Frau gerade von rechts her ihren Auftritt vollzogen, der unbemerkt geblieben ist, bis sie sich zu erkennen gibt, indem sie dem jüngsten Schäfer mit einer zugleich nötigenden und besänftigenden Geste die Hand auf die Schulter legt. Der Schäfer wendet ihr die Augen zu, durchaus nicht bestürzt über diese Erscheinung, zumal ihm ja die plastische Funktion zufällt, wenn ich so sagen darf, die junge Frau und ihren Wahlspruch in Beziehung zueinander zu setzen, und zwar durch gegenläufig gerichtete Bewegungen seines Gesichts, das ihr zugewandt ist, und seiner dieser Devise entgegengestreckten Hand, um gleichsam ihre Identität zu bezeichnen.

Wenn Poussin im Gemälde von Guercino das Ausgangsstadium einer Transformation gesehen hat, deren andere Stadien zu konzipieren und auszuführen ihm zufiel, wird man auch verstehen, warum kein anderes Bild als die *Schäfer in Arkadien* (im Louvre) die späteren »Philosophen« derart zum Fabulieren gedrängt hat. Der Abbé Dubos, Diderot, Delille, der Chevalier de Jaucourt beschreiben es in Wendungen, die von der Realität weit entfernt sind. Zweifellos erfaßten sie von der Transformation nur ihr Endstadium. Aber ihr Wesen als Transformation bewahrte ihr genug Dynamik, den Betrachter aufzufordern, sie nachzuvollziehen. Die Beschreibung von Jaucourt, anscheinend von Dubos aufgegriffen, der die ruhende Statue eines jungen Mädchens auf das Grabmal stellt, könnte ihren Platz als eine Transformationsstufe unter anderen finden.

Dieses Bild in dem Sinne zu interpretieren, wie ich es getan habe, erscheint mir plausibler, als Poussin dafür verantwortlich zu machen, die Bedeutung der lateinischen Formel im Zwischenraum einiger Jahre ins Gegenteil verkehrt zu haben. Um so mehr, als – und Panofsky erkennt das selbst an – noch 1672 Bellori, ein Freund von Poussin, das Bild kommentierte, indem er ihr die genaue Bedeutung gab. Der Gegensinn tritt erst 1685 mit Félibiens Kommentar auf den Plan. Und verstünde man den außerordentlichen Erfolg des Werkes (des beliebtesten von Poussin, das in Farbdrucken reproduziert und bis in die ärmlichsten Strohhütten verbreitet wurde), wenn man darin nur eine ländliche und erbauliche Szene sähe? Die starke Anziehungskraft des Bildes hängt mit dem Gefühl zusammen, daß diese geheimnisvolle Frau neben den drei Schäfern von anderswoher kommt und auf einer rustikalen Bühne jenen Einbruch des Übernatürlichen manifestiert, mit dem Poussin, wenn auch mit anderen Mitteln, seine Landschaften stets zu prägen verstanden hat.

IV

Während *Schäfer in Arkadien* das populärste aller Bilder Poussins ist, scheint *Eliezer und Rebekka* vor allem die Kenner beeindruckt zu haben. Von keinem anderen Gemälde spricht Félibien so ausführlich. In den fesselnden *Conférences de l'Académie royale de peinture...*, die meines Erachtens sehr viel anregender sind als die geschwätzigen *Salons* von Diderot (so die großartige, 1669 gehaltene *conférence* von Sébastien Bourdon über *La Lumière* – wenn man sie sich übrigens etwas näher anschaute, würde man gewahr, daß manche der berühmtesten Ideen Diderots bereits in den *Conférences* präsent sind, diejenige etwa, die Gérard Van Opstal 1667 über Laokoon hält, formuliert mit einem zeitlichen Vorsprung von hundert Jahren bereits die Theorie des idealen Modells); in den *conférences* der Académie also wird 1668, von Philippe de Champaigne initiiert, eine Diskussion über *Eliezer und Rebekka* eröffnet; sie lebt 1675 wieder auf und spitzt sich 1682 in einer Sitzung zu, in der das Sitzungsprotokoll der ersten erneut gelesen und diskutiert wird, in Anwesenheit und unter Beteiligung von Colbert.

Mehrere Bilder Poussins sind erhaben, aber im eigentlich erlesenen Genre erreicht *Eliezer und Rebekka* wahrscheinlich einen Gipfel. Jede Figur ist bereits für sich genommen ein Meisterwerk; jede Figurengruppe ein weiteres; und das das Bild konstituierende Ensemble nicht minder. Drei Organisationsebenen also, ineinander verschachtelt, jede auf denselben Grad von Vollkommenheit gehoben; so daß die Schönheit des Ganzen eine besondere Dichte besitzt. Das Werk entfaltet sich in mehreren Dimensionen, deren jede dem Spiel der Formen und Farben gleiche Bedeutung beimißt. Manche Zeitgenossen erhoben Poussin gegenüber den Vorwurf, er sei kein Kolorist. Allein schon dieses eine Gemälde reichte bereits hin, sie Lügen zu strafen, mit jenem beinahe grellen Blau, das Poussin so häufig benutzt hat. Reynolds wird es verdammen, während es doch gerade diese Farbe ist, die Poussins Farbenharmonie ihre Schärfe verleiht. Félibien hat die Bedeutung der Farben so gut begriffen, daß er Sorge dafür trägt, sie auf sechs von fünfundzwanzig Seiten, die er diesem wunderbaren Bild widmet, ausführlich zu beschreiben.

Die Deutung, die Philippe de Champaigne gegeben hat, ist statisch. Er faßt das Bild nacheinander unter mehreren Gesichtspunkten ins Auge: Darstellung der Handlung; Anordnung nach Gruppen; Ausdruck der Figuren; Verteilung der Farben und der Licht- und Schattenwerte. Im Zusammenhang mit dem Ausdruck der Figuren aber bringt er einen (von Le Brun später zurückgewiesenen) Einwand vor, dessen aufmerksame Prüfung es, wie ich glaube, erlaubt, die Analyse weiterzutreiben und sie in eine neue Richtung zu lenken.

Mit dem Blick *»auf die Gestalt eines jungen Mädchens, das sich zur Rechten des Brunnens auf einen Krug stützt* [...], *wollte M. de Champaigne darauf aufmerksam machen, daß M. Poussin mit den Proportionen und dem Faltenwurf dieser Figur ein antikes Vorbild imitiert und es gleichwohl etwas servil und sonderbar studiert habe. Er erklärte sich dazu auf eine Weise, die M. Poussin ein wenig Sterilität vorwarf und ihn überführte, er habe allzusehr Zuflucht bei den Alten gesucht, bis hin zu dem Vorwurf, er habe sie geplündert.«*

Tatsache ist, daß diese skulpturale Gestalt sich scharf von den anderen abhebt. In dieser berechneten Differenz liegt meines Erachtens der Schlüssel zu dem Bild.

Nähern wir uns ihm wie ein Betrachter, der es zum erstenmal sieht. Das Auge wird zunächst von den beiden Protagonisten im

Vordergrund der Bildmitte angezogen; Hauptfiguren, die aber doch so weit nach rechts verschoben sind, daß die Perspektive den Blick alsbald auf die dichte und bewegte Gruppe der Frauen lenkt, die die linke Bildseite einnimmt. Diese bewegte Gruppe bildet einerseits einen lebhaften Kontrast zur reglosen Masse der Gebäude genau darüber; andererseits zur erstarrten und aufmerksamen Gruppe der drei Frauen, die die rechte Bildseite einnehmen. Als Ganzes gesehen spielt das Bild mit einer Opposition von Stabil und Instabil, von Beweglich und Reglos. Hat diese Opposition eine Bedeutung?

Ich will hier nicht den Versuch unternehmen, Poussin zum Anthropologen zu stempeln. Sein Schüler Le Brun aber erklärte selbst, daß dieser »Maler-Philosoph« (wie man damals sagte) so viel Wissen und Urteil hatte, *»nichts in seine Werke aufzunehmen, ohne die Gründe dafür zu prüfen, und nichts darstellte, es sei denn nach reiflicher Überlegung und Untersuchung, und daß das eine Seite von ihm war, die ihn so schätzenswert machte«*.

Kein Zweifel also, daß Poussin, bevor er sich ans Werk machte, ausführlich über *Genesis*, Kap. XXIV, mit sich zu Rate gegangen ist. Er hat das betreffende Kapitel zwar nicht in den buchstäblichen Begriffen interpretiert, die ein heutiger Anthropologe benutzen würde, ist aber zweifellos in ihren Geist eingedrungen.

Das Problem der Heirat Rebekkas erwächst (wie später das von Rahel) aus einem Widerspruch zwischen dem, was die Juristen des Ancien régime *race* [Stamm] und *terre* [Land] genannt haben. Auf Geheiß des Allmächtigen haben Abraham und die Seinen ihr Heimatland im mesopotamischen Syrien verlassen, um sich weiter westlich anzusiedeln. Abraham aber weist jede Vorstellung einer Heirat mit den Ureinwohnern, den eingesessenen Kanaanitern, zurück: Er möchte, daß sein Sohn Isaak ein Mädchen seines Stammes zur Frau nimmt. Und da es beiden verboten ist, dem Verheißenen Land den Rücken zu kehren, schickt Abraham Eliezer, seinen Knecht und Vertrauensmann, zu seinen Angehörigen in der Ferne aus, um ihm Rebekka zuzuführen.

Ebendiese Situation bringt das Bild zur Anschauung. Im Vordergrund ein Mann (der einzige überhaupt) und eine Frau in der symbolischen Zweisamkeit der sich abzeichnenden Hochzeit. Auf der ganzen übrigen Bildfläche nur Frauen (»Stamm«) und Gestein (»Land«). An einer bestimmten Stelle des Bildes trägt Poussin die in »Begriffen« der Plastik formulierte Lösung vor. Von der bewegten Frauengruppe auf der linken Bildseite schweift das Auge über das bereits gelassenere Duo der Protagonisten zu den reglosen und nahezu erstarrten Figuren der rechten Seite und vor allem zu der Frau hinüber, die Philippe de Champaigne für der Antike nachgeahmt hält. Diese statuarische, bereits versteinerte Frau aber (*»Poussin, allzusehr von der Antike berauscht, hat sie in Stein ausgeführt«*, sagte Roger de Piles), versteinert nicht nur der Form, sondern auch einem mehrdeutigen Kolorit nach (das sich scharf vom Rest abhebt), verwirklicht die Synthese eines noch menschlichen Bildnisses (das also am »Stamm« teilhat) und der aus Steinquadern gefügten Säule (bereits »Land«), von einer Kugel gekrönt, vor der die Frau sich abhebt und an der sie beinahe zu haften scheint: die geometrische – man möchte beinahe sagen: »kubistische« – Darstellung einer Frau, die auf dem Kopf einen Krug trägt, in unsicherem, fortan jedoch stabilem Gleichgewicht. Überdies, in monumentalem Maßstab, die Vergrößerung einer anderen Frau (zweifellos nicht zufällig ein Porträt, das Rebekka wie aus dem Gesicht geschnitten wirkt), die die linke Gruppe in dieser Haltung beherrscht. In dieser Hinsicht wird man auf das Beziehungsdreieck aufmerksam, das vom Krug, den sie auf dem Kopf trägt (instabil), dem Krug unter ihr (oder dem von Rebekka), der auf den Boden gestellt ist (stabil), und von dem Krug gebildet wird, auf den sich die statuenhafte Figur stützt – letzterer auf halber Höhe.

Von der Säule aus Steinquadern kehrt das Auge wieder auf die linke Bildseite zurück und hält, auf dem Wege über einen Naturausschnitt unter stürmischem Himmel (Erinnerung an das ursprüngliche, in die Ferne verwiesene Ungleichgewicht), diesmal endgültig bei den dauerhaften Bauwerken inne, Symbol des seßhaft bewohnten Landes, dessen Vereinigung mit dem Stamm die Hochzeit von Isaak und Rebekka vollziehen wird, einem Stamm, der von untereinander so ähnlichen Menschenwesen dargestellt wird, daß sie weniger individuelle Personen als vielmehr das weibliche Geschlecht im allgemeinen repräsentieren, durch das die Kontinuität des Blutes weitervermittelt wird.

V

In den Auseinandersetzungen, die sich an der Académie royale de peinture über *Eliezer und Rebekka* abspielten, scheint eine bestimmte Frage die Beteiligten geradezu zwanghaft verfolgt zu haben; in erster Linie den Vortragenden selbst, der, vergessen wir das nicht, Philippe de Champaigne war: Hätte Poussin nicht die Kamele von Abrahams Großknecht darstellen sollen, die die Heilige Schrift erwähnt, wenn sie erzählt, daß er Rebekka für die Mühe dankte, mit der sie seine Tiere getränkt habe? Darüber entspinnt sich eine beckmesserische Diskussion: Waren die Kamele nicht zu weit vom Brunnen entfernt, um auf der Bildfläche auftauchen zu können? Wie viele waren sie an Zahl, und wie viele hätte Poussin einführen können oder sollen (er tat es in einer späteren Fassung)? Lief er, weil er sie weggelassen hatte, nicht Gefahr, Abrahams Knecht als Händler erscheinen zu lassen, der Schmuckstücke zu verkaufen versucht? Oder umgekehrt, wie das Le Brun verfocht: Wäre die Präsenz von Kamelen nicht das richtige Mittel gewesen, ihn als einen jener ambulanten Händler des Orients auszuweisen, denen diese Tiere herkömmlicherweise als Fortbewegungsmittel dienten? Hat Poussin recht daran getan, seltsame Lebewesen aus einer gehobenen Szene zu verbannen, die das Auge des Betrachters ablenken konnten? Oder im Gegenteil – und das war die Auffassung von Champaigne: Hätte die Häßlichkeit der Kamele nicht dazu gedient, die Pracht der Figuren hervorzuheben?

Diese Maler wie Kunstliebhaber leidenschaftlich erregende Kasuistik erscheint uns heute lächerlich. Mit solchen Argumenten beurteilen wir die Qualitäten eines Bildes nicht mehr. Gleichwohl sollte man nicht verkennen, daß die Distanz zwischen biblischen Zeiten, Antike und Gegenwart für die Menschen des 17. Jahrhunderts weniger groß war. Machen wir uns also die ethnographische Mühe, ihre Perspektive in die unsere zu übersetzen. Ergäbe sich das Problem nicht in denselben Begriffen, wenn es sich für uns darum handelte, neuere Ereignisse darzustellen? Auch wir möchten sie mit Größe behandelt sehen, ohne die historische Wahrheit zu verletzen, und auch wir wären auf Detailtreue bedacht.

Dieses Genre haben wir der Photographie und dem Film überlassen, in der Illusion, daß sie das Ereignis realitätsgerecht reproduzieren. Umgekehrt fühlen wir uns nicht mehr gehalten, aus Respekt vor der Heilsgeschichte *»dem, was die Schrift uns zu glauben nötigt, nichts hinzuzufügen oder davon abzuziehen«*. Zwischen die biblischen oder antiken Zeiten und die Gegenwart schieben wir nicht nur eine historische Tiefe ein, die die Menschen des 17. Jahrhunderts, noch unterm Einfluß der von der Renaissance vollzogenen teleskopischen Verkürzung, schlecht ermessen konnten. Wir schieben auch eine kritische Distanz ein.

Daß die oberste Gabe für den Künstler darin besteht, die Realität bis zur Verwechslung nachzuahmen, ist gleichwohl ein Gemeinplatz des ästhetischen Urteils, der lange und bis in die jüngste Zeit sogar bei uns vorherrschend gewesen ist. Um ihre Maler zu feiern, sammelten die Griechen Anekdoten, die zu ihren Gunsten sprachen: gemalte Weintrauben, an denen die Vögel herumpickten, Bilder von Pferden, die ihre Artgenossen für lebendig hielten, ein gemalter Vorhang, den ein Rivale den Autor zu lüften bat, um das vermeintlich dahinter versteckte Bild betrachten zu können. Die Legende schenkt Giotto, Rembrandt u. a. um ebensolcher Meisterleistungen willen Glauben. Über ihre berühmten Maler erzählen China und Japan ganz ähnliche Geschichten: gemalte Pferde, die nachts die Leinwand verließen, um auf die Weide zu traben; ein Drache, der sich in die Lüfte erhob, als der Künstler das letzte noch fehlende Detail hinzufügte.

Als die Plains-Indianer in Nordamerika zum erstenmal einen weißen Maler bei der Arbeit beobachteten, mißtrauten sie dem Resultat. Catlin hatte einen von ihnen im Profil porträtiert. Ein anderer Indianer, der dem Modellstehenden nicht wohlgesonnen war, schrie, das Porträt beweise, daß der Porträtierte eben nur ein halber Mensch sei. Daraus entwickelte sich eine Auseinandersetzung mit tödlichem Ausgang.

Was Diderot an Chardin bewundert, ist zunächst die Nachahmung des Realen: *»Dieses Porzellangefäß ist wirklich aus Porzellan, diese Oliven sind vom Auge wirklich durch die Flüssigkeit getrennt, in der sie schwimmen. Man braucht diese Biskuits nur zu nehmen und zu essen* [...].« Ein Jahrhundert später werden auch die Goncourts nichts anderes sagen, wenn sie an Chardin loben, er habe *»die Ambra-Transparenz der weißen Weintraube, den Zuckerglast der Pflaume, den feuchten Purpur der Erdbeeren,* [...] *das Kupferrot alter Äpfel«* genau wiedergegeben.

Die Weisheit der Völker bezeugt, daß Pascal ein wirkliches Problem aufgriff, als er schrieb: *»Wie eitel ist die Malerei, wo man die Ähnlichkeit mit Dingen bewundert, die man im Original keineswegs bewundert.«* Die Romantik, für die die Kunst nicht die Natur nachahmt, sondern zum Ausdruck bringt, was der Künstler von sich selbst in seine Bilder hineinlegt, entgeht diesem Problem durchaus nicht; ebensowenig die zeitgenössische Kritik, die das Gemälde zu einem System von Zeichen macht. Denn das Trompe-l'œil hat stets seine Herrschaft über die Malerei ausgeübt und tut das auch weiterhin. Es tritt immer dann wieder an die Oberfläche, wenn man glaubt, sie habe sich seiner endgültig entledigt. Ebenso manche Collagen, die das Trompe-l'œil noch überbieten, indem sie wirkliche Materialien an die Stelle ihrer Nachahmungen setzen. In dieser Hinsicht ist nichts vielsagender als das Abenteuer Marcel Duchamps. Durch die antithetischen Verfahren von *ready made* und intellektuellen Konstruktionen wie *La Mariée mise à nu* oder *Le Grand Verre* hat er die Malerei ihrer gegenständlichen Ansprüche zu berauben geglaubt. Schließlich aber hat er seine letzten Lebensjahre darauf verwendet, ein erst nach seinem Tode bekanntgewordenes Geheimwerk fertigzustellen, das nichts anderes ist als ein dreidimensionales Diorama, das man durch ein Guckloch betrachtet: eine Darbietungsform, zu der John Martin, der Virtuose des monumentalen Trompe-l'œil, seine Bilder herabzuwürdigen nie eingewilligt hat, nicht einmal in zweidimensionaler Form.

Worauf beruhen also Macht und Reize des Trompe-l'œil? Auf der wie durch ein Wunder erzielten Verschmelzung flüchtiger und undefinierbarer Aspekte der sinnlichen Welt mit technischen Verfahren, Frucht eines langsam erworbenen Wissens und einer intellektuellen Arbeit, die es ermöglichen, diese Aspekte wiederherzustellen und zu fixieren. *»Unser Verstand«*, sagte bereits Plutarch, *»erbaut sich an der Nachahmung als an etwas ihm selbst Eigenen.«* Eine außerordentlich schwierige Aufgabe; aber der bereits von Rousseau ausgesprochenen Verurteilung der »Schönheiten der Konvention, die kein anderes Verdienst haben als die bewältigte Schwierigkeit«, entgegnete sein Zeitgenosse Chabanon zu Recht: *»Zu Unrecht gibt man in der Theorie der Künste vor, die bewältigte Schwierigkeit für nichts zu halten; sie muß für viel erachtet werden bei dem Vergnügen, das die Künste verschaffen.«*

Es ist durchaus kein Zufall, wenn das Trompe-l'œil im Stillleben triumphiert. Es entdeckt und beweist, daß, wie der Dichter sagt, auch die leblosen Gegenstände eine Seele haben. Eine Stoffbahn, ein Schmuckstück, eine Frucht, eine Blume, ein beliebiges Gerät besitzen genau wie das menschliche Antlitz – der Lieblingsgegenstand anderer Maler – eine innere Wahrheit, zu der man, wie Chardin sagte, durch das Gefühl Zugang findet, die aber allein von technischem Wissen und technischer Einbildungskraft verbürgt wird. Auf seine Weise und auf seinem Feld leistet das Trompe-l'œil die Vereinigung des Sinnlichen und des Intelligiblen.

Der Impressionismus hat das Trompe-l'œil abgelehnt. Der Unterschied zwischen den Schulen aber ist nicht, wie der Impressionismus glaubte, der zwischen Subjektivem und Objektivem, zwischen Relativem und Absolutem. Er hängt vielmehr mit der Illusion des Impressionismus zusammen, man könne sich dauerhaft am Schnittpunkt der beiden Gegensatzpaare einrichten. Die Kunst des Trompe-l'œil weiß ihrerseits, daß die vertiefte Kenntnis des Gegenstandes und eine sehr weit getriebene Introspektion getrennt voneinander entwickelt werden müssen, damit es gelingt, das Ganze des Objekts und das Ganze des Subjekts in einer Synthese zu vereinen, anstatt sich an den oberflächlichen Kontakt zu halten, der sich vorübergehend auf der Ebene der Wahrnehmung zwischen ihnen einstellt.

Daraus erwächst der Irrtum anzunehmen, daß die Photographie dem Trompe-l'œil den Garaus gemacht habe. Der photographische Realismus macht keinen Unterschied zwischen den Akzidentien und dem Wesen der Dinge: er beläßt sie auf ein und derselben Ebene. Zwar ist Reproduktion im Spiel, aber der Anteil der Intellektion dabei ist eher dürftig. Eine Technik, die bei den Meistern des Genres vollkommen vollendet ist, bleibt die Dienerin einer »dummen« Sicht der Welt.

Das Trompe-l'œil stellt nicht dar, es rekonstruiert. Es setzt gleichzeitig Wissen (selbst dessen, was es nicht zeigt) und Reflexion voraus. Es ist überdies selektiv und versucht nicht, das Ganze oder einen beliebigen Teil des Modells wiederzugeben. Es wählt eher das *Bereifte* der Weintraube aus als den oder jenen anderen Aspekt, weil es ihm dazu dient, im Verein mit dem *Speckigen*[1] (auch das eine unter anderen ausgewählte Eigenschaft) einer Silber- oder Zinnkanne und dem *Mürben* eines Stücks Käse ein System von sinnlichen Eigenschaften zu konstruieren.

Trotz aller technischen Vervollkommnung bleibt der Photoapparat eine ungeschlachte Maschine im Vergleich zur Hand und zum Gehirn. Die schönsten Photographien sind überdies die der Frühzeit, als die Grobheit der Mittel den Künstler noch zwang, sein Wissen, seine Zeit und seinen Willen einzusetzen.

Besser als der irrige Glaube, die Kunst des Trompe-l'œil sei der Photographie erlegen, wäre es anzuerkennen, daß sie jeweils ins Gegenteil voneinander verkehrte Tugenden sind. Um sich davon

1 »Le gras« – »ein bewußt gesuchter Vergleich« (persönl. Mitteilung des Autors, 7.8.94 [A.d.Ü.]).

zu überzeugen, genügt es, die trostlosen Hervorbringungen jener Neofigurativen zu betrachten, die ein Stilleben oder eine Figur nicht nach dem Modell, sondern nach einer Farbphotographie malen, die sie knechtisch zu imitieren versuchen. Man glaubt bereitwillig, daß sie das Trompe-l'œil zu neuem Leben erwecken, aber das Gegenteil ist der Fall.

Der Abbé Morellet schrieb im 18. Jahrhundert: *»Die Natur ist nicht in allen Müttern* [oder allen Geliebten] *schön, und selbst wenn sie schön ist, hält sie sich doch nicht lange; ihre Schönheit währt manchmal nur einen Augenblick.«* Die Photographie ergreift diese Chance: sie zeigt, so ihr Wort, die Momentaufnahme. Das Trompe-l'œil ergreift und zeigt, was man nicht gesehen hat oder undeutlich oder flüchtig sah und dank seiner fortan immerwährend sehen wird. Der Anblick eines Korbes voller Erdbeeren wird nie mehr der gleiche sein für den, der sich der Art und Weise erinnert, wie die Niederländer und die Deutschen des 17. Jahrhunderts oder Chardin sie malten.

VI

Auf einem Bild Poussins ist kein Teil dem Ganzen unebenbürtig. Jeder Teil ist ein Meisterwerk gleichen Ranges, das, für sich betrachtet, gleichviel Bedeutung bietet. Das Bild erscheint so als Organisation zweiten Grades von Organisationen, die bereits bis in die Details präsent sind. Das gilt auch umgekehrt: Es kommt vor, daß eine Figur auf einem Bild von Poussin, das deren mehrere bietet, für sich allein wie ein vollständiges Bild von Corot wirkt. Die Organisation des Ganzen transponiert die der Teile in größerem Maßstab, jede Figur ist ebenso tief durchdacht wie das Ganze. Es nimmt also nicht wunder, daß Poussin in seiner Korrespondenz dem Brauch seiner Zeit folgt und die Schwierigkeit jedes Werkes an der Zahl von Figuren mißt, die es enthalten soll: Jede dieser Figuren wirft ein Problem gleichen Ranges wie das gesamte Bild auf.

Was für die Figuren gilt, gilt auch für die Landschaften, die einen naturwüchsig, die anderen »durchschossen«: von Arbeiten aus Menschenhand zwar, die aber durch den Raum, den sie im Vergleich zu den Lebenden einnehmen, und durch ihre gewissenhafte Ausführung, die man für von den Flamen beeinflußt halten möchte, größere Bedeutung erhalten und lebhafteres Interesse wecken als die sie belebenden häufig winzigen Figuren, sogar die in den Vordergrund gerückten. Diese den Dingen zuerkannte erhabene Dimension »verweist den Menschen wieder an seinen Platz« – ich nehme die Redewendung im moralischen und populären Sinne. Sogar die »Riesen«-Bilder *Orion* und *Polyphem* sind Wildwuchssymphonien, in denen die Riesen eher in der Natur aufgehen, als daß sie sie beherrschen. Wenn man den Mythos nicht kennte, hätte man Anlaß, sich Orion in seiner Niederfahrt als nur zu bald in der grünen Unermeßlichkeit zu seinen Füßen versunken vorzustellen.

Ingres hat die ästhetische und moralische Reichweite dieser Umkehrung genau gesehen: *»Der unsterbliche Poussin hat den pittoresken Boden Italiens entdeckt. Er hat eine neue Welt entdeckt, wie jene großen Seefahrer, Amerigo Vespucci und andere* [...], *er hat als erster, er hat als einziger den Stil italienischen Zuschnitts geprägt.«* Im selben Abschnitt schreibt Ingres: *»Nur die Historienmaler sind in der Lage, gute Landschaften zu malen.«* Warum? Weil sie zunächst nicht dem Gefühl gehorchen, sondern eine überlegte Wahl unter dem treffen, was in der Natur ihrem Thema entgegenkommt. Die Theorie der »schönen Natur« rechtfertigt sicherlich nicht die Sarkasmen Diderots.

Die Überlegungen von Delacroix zur Landschaft schlagen einen anderen und sogar etwas geringschätzigen Ton an: *»Die Marinemaler* [...] *fertigen Porträts von Wogen an, wie die Landschafter Porträts von Bäumen, Terrains, Gebirgen usw. machen. Sie beschäftigen sich nicht genug mit der Wirkung auf die Phantasie.«* Man ersetze Phantasie durch Wahrnehmung, und man erhält den Impressionismus. Poussin dagegen schlägt nicht den Weg von der Natur zur subjektiven Emotion ein (*»mir in meinen Bildern«*, sagt noch Delacroix, *»nur die verblüffende und poetische Seite in Erinnerung rufen«*), sondern zu durchdachter Auswahl und Neugestaltung: *»Ich habe ihn«*, schreibt Félibien, *»sogar Steine, Erdschollen und Holzstücke betrachten sehen, um besser Felsen, Erdwälle und Baumstümpfe nachahmen zu können.«* Nach solchen Kollekten, auch von Kieseln, Moosen und Blumen, soll er laut Zeugen die folgenden berühmten Äußerungen getan haben: *»Das alles wird seinen Platz finden«*, oder anderen zufolge: *»Ich habe nichts außer acht gelassen.«*

Ingres, der doch gesagt hat: *»Man muß die Blumen befragen, um schöne Faltenwurf-Töne zu finden«*, hat man – wie übrigens auch Poussin – den Vorwurf gemacht, er sei kein Kolorist. Und zwar deshalb, weil man diesem Ausdruck, der eigentlich die sinnliche Vorliebe für Farben und ihre Beziehungen bezeichnet, häufig eine mehr technische Bedeutung gibt: die Kunst, die Wahl und Mischung der Farben einem vordringlich gesuchten Gesamteffekt unterzuordnen. Zwar hat Ingres beteuert, daß *»die Zeichnung mehr als drei Viertel dessen enthält, was die Malerei ausmacht* [...], *sogar der Rauch muß durch die Linie zum Ausdruck gebracht werden,* [...] *die Zeichnung enthält alles, ausgenommen den Farbton* [...], *es gibt kein Beispiel dafür, daß ein großer Zeichner nicht über das Kolorit verfügt hätte, das genau zu den Eigentümlichkeiten seiner Zeichnung paßte.«* Aber welche Bilder geben bezüglich des Kolorits Zeugnis von einer frischeren Erfindung, einer subtileren Feinheit des Geschmacks als die drei Rivière-Porträts, als das der Schönen Zélie, das von Granet, von Mme. Senonnes, von Mme. Moitessier, als die *Badenden von Valpinçon, Jupiter und Thetis*, die *Odaliske mit dem Sklaven, Stratonike, Angelika wird von Roger befreit* oder das *Türkische Bad*?

Im Abstand von zwei Jahrhunderten wiederholt sich das Mißverständnis. Die Kritiker des 18. Jahrhunderts sahen in der Malkunst zwei konträre und schwer miteinander zu versöhnende Forderungen erhoben. Die »Luftperspektive« verlangte, daß man auf dem Bild die Dichte der Luft wahrnehmen können sollte, wenn die Figuren oder Gegenstände weiter entfernt waren, aber um den Preis einer Abschwächung der Farbtöne, die dann zur Grisaille verblaßten. Dagegen erforderte die Suche nach dem, was man damals *tout-ensemble* [Gesamtwirkung, -eindruck] nannte, eine allgemeine Tonigkeit, die *»Orchestrierung der Farben«*, wie Charles Blanc im 19. Jahrhundert sagen wird, *»die jedoch vor allem auf die Konsonanz abzielt«*.

Ebendiesem Charles Blanc, der behauptete, daß *»die großen Koloristen kein Lokalkolorit benutzen«*, entgegnete Delacroix: *»Vollkommen richtig; das da zum Beispiel ist ein Farbton!«* (er zeigte, sagt Blanc, mit dem Finger auf das schmutzige Grau des Pflasters); *»also gut, wenn man zu Paolo Veronese gesagt hätte: malt mir eine schöne blonde Frau, deren Fleisch diesen Farbton da hat, hätte er sie gemalt, und die Frau auf seinem Bild wäre eine* *schöne blonde Frau geworden«*. Eine hübsche Illustration der Theorie des *tout-ensemble*, wie sie, jeder in seinem Genre, auch Rubens und van Dyck gegeben haben.

Poussin und Ingres stehen diesem Lager gleichermaßen feindlich gegenüber. Poussin sagt von Caravaggio, er sei *»auf die Welt gekommen, um die Malerei zu vernichten«*, eine Formel, die Ingres bei ihm entlehnt, um sie auch auf Rubens anzuwenden. Aber ganz im Gegensatz zu dem, was man bei ihren jeweiligen Zeitgenossen liest, sind Poussin und Ingres in starkem Maße Koloristen (im ersten Sinne, in dem ich den Ausdruck aufgefaßt habe), denn gerade bei ihnen beobachtet man die Vorliebe für die reinen Farbtöne, die von Ingres beinahe schattierungslos behandelt werden, um *»den besonderen Unterschied des Farbtons eines jeden Gegenstandes«* besser herauszubringen, ihre Individualität zu wahren und ihren Reiz aufrechtzuerhalten.

(Das ist nicht die einzige Verwandtschaft zwischen Poussin und Ingres. Es gibt beinahe ebensoviel Erotik in der Badeszene im Meer, nämlich dem *Triumph Neptuns*, wie im *Türkischen Bad*. Poussins Zeitgenossen schätzten die Sinnlichkeit seiner weiblichen Figuren; sie wollten sogar noch mehr davon. Die nachfolgenden Generationen waren sich ihrer ebenfalls bewußt, nahmen aber, prüde geworden, daran Anstoß, wobei sie in einem bekannt gewordenen Fall sogar so weit gingen, ein Bild zu verunstalten.)

Um den Widerspruch zwischen Luftperspektive und Farbe zu überwinden, entschieden sich Poussin und Ingres dafür, das Kolorit sozusagen zu einem Spezialproblem zu machen, das sich gesondert zu behandeln empfahl, wenn das Bild praktisch fertig war. Eine Wahl, die es ermöglicht, nur noch auf die echten, die reinen Farben zu achten. Félibien hebt das im Hinblick auf Poussin besonders hervor: *»Sogar die lebhaftesten Farben behalten ihren Platz.«* Ohne jeden Kompromiß können Farbe und Kolorit ihren jeweiligen Gipfel erreichen. Sogar, was das Kolorit betrifft, in der Suche nach Dissonanzen, die wie in der Musik schockierten, sich aber in beiden Fällen durch eine wunderbare Bereicherung der Sensibilität offenbarten.

Auf dieselbe Weise heiligt auch die japanische Druckgraphik die Unabhängigkeit von Zeichen und Kolorit. Der Holzschnitt schließt den Pinselstrich aus (der von Ingres als *»Mißbrauch der Ausführung«* gebrandmarkt wird, »[...] *eine Eigenschaft der Scheintalente, der Scheinkünstler«*); er nötigt zur Linie. In den Anfängen ist der Holzschnitt beinahe farblos: lediglich einige nachlässig verteilte Orange- und Grüntöne. Und die spätere Technik der *nishiki-e* – prachtvoll kolorierte Holzschnitte – bezeugt auf ihre Weise den japanischen Isolationismus und Separatismus, der, wie in der japanischen Küche, die Mischungen ausschließt und die Grundelemente – hier die Farbtöne – im Zustand der Reinheit präsentiert. Man ermißt hier den Gegensatz zu den Impressionisten, die, im Glauben, beim Holzschnitt in die Lehre gehen zu können, das genaue Gegenteil getan haben (ausgenommen die Lehren des Umbruchs), während der japanische Holzschnitt – jedenfalls derjenige, den die Spezialisten den »ursprünglichen« nennen – die Maxime von Ingres antizipiert, daß *»ein gut gezeichnetes Bild immer auch recht gut gemalt«* ist. Besser verstanden, hätte das Beispiel des Holzschnitts die Maler eher in Richtung des Neoklassizismus eines Flaxman und Vien zurückführen müssen.

Wie man so häufig angemerkt hat: Sogar in den ersten Porträts von Ingres (so in den dreien von Rivière; er war damals fünfundzwanzig Jahre alt) tritt ein fernöstlicher Einfluß zutage, und zwar in der gesonderten Behandlung der Zeichnung und der Farblokalisierung. Zweifellos kein Einfluß der japanischen Holzschnitte (im Gegensatz zu den späteren Behauptungen von Amaury-Duval), deren Auftreten im Europa der Jahre um 1805 wenig wahrscheinlich ist, sondern wohl eher der persischen Miniaturen und jener chinesischen Werke, die lediglich nachgeahmt zu haben Delacroix Ingres zum Vorwurf machte. *»Persischer und chinesischer Krimskrams«*, sagte denn auch Baudelaire. Zu dieser Zeit schrieb man den Orientalen bereitwillig die Wissenschaft und Kunst der Farben zu und holte sich Lehren bei den *»Keramikern und Teppichwebern Asiens«*, die – eine bezeichnende Bemerkung – *»die Farbe vibrieren lassen, indem sie Farbton auf Farbton setzen, im reinen Zustand, Blau auf Blau, Gelb auf Gelb«*.

Kawanabe Kyôsai (1831–1889) war einer der letzten großen Meister des *ukiyo-e*. Émile Guimet und Félix Régamey trafen ihn im Jahre 1876; Aufmerksamkeit aber verdient vor allem jene Unterredung, die er im Jahre 1887 mit einem englischen Maler führte, der sie aufgezeichnet hat. Kyôsai erklärt da, er verstehe nicht, daß die westlichen Maler ihr Modell posieren lassen: wenn dieses Modell ein Vogel ist, wird es sich unaufhörlich bewegen, und der Maler bringt nichts zustande. Kyôsai selbst beobachtet den Vogel einen ganzen Tag lang. Immer dann, wenn die gewünschte Pose flüchtig in Erscheinung tritt, wendet er sich vom Modell ab und skizziert die Erinnerung daran, die er im Gedächtnis behalten hat, mit drei oder vier Strichen in einem seiner nach Hunderten zählenden Notizhefte. Schließlich erinnert er sich der Pose dann so genau, daß er sie wiedergeben kann, ohne den Vogel selbst noch anzuschauen. Dadurch, daß er sich auf diese Weise lebenslang geschult hat, sagt er, hat er sich ein so lebhaftes und genaues Gedächtnis erworben, daß er alles, was ihm zur Beobachtung vorgelegt wurde, aus dem Kopf darstellen kann. Denn es ist nicht das Modell zum gegenwärtigen Zeitpunkt, das er kopiert; es sind die im Kopf gespeicherten Bilder.

Diese Lehre kommt jener anderen nahe, die Ingres bei Poussin entlehnt zu haben scheint: *»Poussin pflegte zu sagen, daß der Maler seine Fertigkeit eher durch die Beobachtung der Dinge erlangt, als wenn er sich abmüht, sie zu kopieren* [wörtliches Zitat von Félibien]. *Ja, aber der Maler muß Augen haben.«* Es muß dem Maler gelingen, fährt er fort, das Modell im Kopf zu verankern, es dort als geistiges Eigentum zu verwurzeln; und *»die Natur so genau im Gedächtnis zu haben, daß sie sich von selbst Eingang ins Werk verschafft«*. Man glaubt Kyôsai zu hören...

Ich will die Parallele nicht überspannen. Natürlich gehören westliche und östliche Maler unterschiedlichen ästhetischen Traditionen an, die nicht die gleiche Weltsicht haben und mit Techniken arbeiten, die nur ihnen eigen sind (der Abstand wäre geringer, wenn man die fernöstliche und unsere Malerei des 13. und 14. Jahrhunderts miteinander vergliche). Mit beinahe denselben Wendungen wie Kyôsai kann Ingres sagen, daß *»man stets ein*

Heft in der Tasche haben und mit drei oder vier Bleistiftstrichen die Gegenstände festhalten (muß), die Ihnen auffallen, wenn Sie keine Zeit haben, sie vollständig wiederzugeben«. Der große Unterschied liegt darin, daß der *»Historienmaler* [für den Ingres sich hielt] *den Fall im allgemeinen darstellt«*, während der Japaner das Sein in seiner flüchtigen Bewegung und Partikularität zu erfassen sucht; in dieser Hinsicht näher an der laut Riegl typisch germanischen Verfolgung des Zufälligen und des Ephemeren. Abgesehen davon aber, daß Ingres, wenn auch widerstrebend, einer der größten Porträtisten war – ein Genre, in dem der Maler nur das Individuum darstellt: als Modell, das, wie er beklagt, häufig ordinär oder voller Mängel ist –, finde ich in diesen Annäherungen die Erklärung, ja, wie ich hoffe, die Rechtfertigung meiner persönlichen Vorlieben, die in ein und derselben Verehrung die nordische Malerei (van Eyck, van der Weyden), Poussin, Ingres und die graphischen Künste Japans umfassen.

Rameau hören

VII

Die Harmonielehre Rameaus geht der strukturalen Analyse zeitlich voraus. Rameau teilte, wenn er den Transformationsbegriff anwendete, ohne ihn auch schon zu formulieren, die Zahl der den Musikern seiner Zeit bekannten Akkorde und reduzierte sie auf drei oder vier. Er bewies, daß man vom Grundakkord der Dur-Tonart aus alle anderen als Umkehrungen des ersten erzeugen konnte. Die strukturale Analyse schlägt dasselbe Verfahren ein, wenn sie die Zahl der Eheregeln oder die Zahl der Mythen reduziert: sie führt mehrere Regeln oder Mythen auf ein und denselben Typus ehelichen Tausches oder ein und dasselbe mythische Gerüst zurück, die nur anders transformiert sind.

Wie weit läßt sich diese Parallele treiben? Als ich überall nach alten Referenzen suchte, die für die Ideen der Zeit aufschlußreich waren, stieß ich durch Zufall auf den Artikel »Rameau« im *Grand Larousse du XIXe siécle* – dem bewundernswertesten aller Lexika. Zwar fand ich darin nicht, was ich suchte, wohl aber fesselte ein Kommentar über die Oper *Castor et Pollux* meine Aufmerksamkeit. Der nichtsignierte Artikel verweist wahrscheinlich auf den Komponisten und Musikwissenschaftler Félix Clément als Verfasser, der der Hauptmitarbeiter von Larousse auf diesem Gebiet war. Ich zitiere: *»Man bewunderte den in f-Moll geschriebenen Chor* Que tout gémisse, *der unmittelbar von der in Es-Dur stehenden schönen Arie* Tristes apprêts, pâles flambeaux *gefolgt wird. Rameaux hat diese beiden in so weit voneinander entfernt* *stehenden Tonarten geschriebenen Nummern mit einer Kühnheit verknüpft, die einen beispiellosen Erfolg erlebte. Nach dem letzten f-Moll-Akkord folgt eine lange Pause, dann stimmen die Bässe langsam und* unisono *die drei Töne F, As und Es an; unmittelbar darauf beginnt das Ritornell der Arie in Es-Dur. ›Das ist so einfach‹, merkt Adolphe Adam an, ›daß man bei genauerem Hinhören zu glauben versucht ist, daß es eine bloße Dummheit ist, aber tatsächlich, diese Transposition ist so ausgezeichnet und der Erfolg war so groß, daß man noch sehr lange dieses F, As, Es aus* Castor et Pollux *als Geniestreich zitierte.‹«*

Begeisterte sich das Publikum des 18. Jahrhunderts also für eine Modulation, die von der Mehrzahl der heutigen Hörer wahrscheinlich gar nicht wahrgenommen würde? Die Musik Rameaus läßt unsere Zeitgenossen häufig kalt. Sie berührt sie wenig, langweilt sie manchmal sogar (übrigens kehrt gerade das Wort »Langeweile« in den Rezensionen der Neuinszenierung von *Castor et Pollux* im Sommer 1991 in Aix häufig wieder). Wenn diese Musik den Hörern des 18. Jahrhunderts großen Genuß bereitete: lag das nicht zunächst daran, daß sie revolutionäre Neuerungen bot, die wir, abgesehen von Berufsmusikern und Musikwissenschaftlern, gar nicht mehr wahrnehmen? Aber auch und vor allem daran, daß die Hörer jener Zeit mehr Musik kannten als wir? In diesem »weniger«, das die Musik Rameaus und seiner Zeitgenossen im Verhältnis zur Musik des 19. Jahrhunderts für uns bedeutet, in der wir großgeworden sind, die aber noch Balzac um 1840 *»überraschte«*, weil *»Melodie und Harmonie* [darin] *mit gleicher Kraft kämpfen«* (ein solches Urteil wäre, nebenbei gesagt, einem Rousseau naiv vorgekommen, der Rameau den Vorwurf machte, er habe bereits ein Jahrhundert zuvor die erste der zweiten geopfert; Bewunderer Cimarosas erhoben dieselbe Klage gegen Mozart); in diesem »weniger«, sage ich, nahmen besser gebildete Hörer mehr wahr.

Die Liebhaber exotischer Küche haben es gleichzeitig mit dem Gebrauch des Taktstocks gelernt: es bedarf eines Mehr an Knowhow, um sich eines einfachen Geräts zu bedienen als umgekehrt; Messer und Gabel wurden für unsere Vorfahren erfunden, die plump und mit den Fingern aßen. Um in derselben Weise fortzufahren: Leistet die Musik, die wir schätzen – von Mozart und Beethoven bis Debussy, Ravel und Strawinsky –, uns nicht dieselben Dienste? Kunstvoller und komplizierter, entrückt sie das technische Verständnis der Werke unserem Horizont; also dispensiert sie uns davon und versetzt uns in die passive, insgesamt aber komfortable Rolle von Aufnehmenden.

Das musikalische Vergnügen der Hörer des 18. Jahrhunderts war wahrscheinlich intellektueller und gediegener, denn es war vom Komponisten noch durch eine geringere Distanz getrennt. Die Werke, die der Musikliebhaber heute liest, reduzieren sich im allgemeinen auf Musikerbiographien und Literatur über Musik. Wie viele Heutige verspürten das Bedürfnis und wären überhaupt in der Lage, mit Sachkenntnis in die Oper oder ins Konzert zu gehen, sich über die musikalische Kunst aus Handbüchern zu unterrichten, die wir für zu schwierig halten würden, selbst wenn sie nicht schwieriger wären als die *Éléments de musique* (1752) von d'Alembert, die seinerzeit in den Salons diskutiert wurden?

Es gab sogar einen regelrechten Snobismus der musikalischen Kompetenz. Ein Musikphilosoph, selbst Musiker, von dem ausführlich die Rede sein wird (vgl. unten, S. 87ff.), amüsierte sich darüber. Im Umkreis der Kenner, schreibt Chabanon, gibt es auch solche, *»die sich auf einige aus Professorenmund aufgeschnappte Worte stützen und sich hinsichtlich ihrer richtigen Anwendung täuschen. Ich habe schlechtberatene Papageien in der oder jener Musik den harmonischen Reichtum loben hören, wenn die armselige und sterile Harmonik auf immer denselben Akkorden verweilte und stockte. Ich habe welche gesehen, die sich verzückt über den Reiz der Modulationen äußerten, bevor die Arie noch die Grundtonart verlassen hatte. Diejenigen, die in eine Kunst nicht eingeweiht sind, verraten sich durch nichts so sehr als durch den falschen Gebrauch der Kunstwörter.«*

(Chabanon hatte die Gabe des Polemikers. Aus diesem Grunde bezeugte ihm der sechsunddreißig Jahre ältere Voltaire wahrscheinlich eine Sympathie, die der von Ferney aus getauschte Briefwechsel widerspiegelt – allerdings mehr ein Briefwechsel über Theater und Poesie als über Musik.)

Balzac widmete der Musik zwei Romane der *Comédie humaine: Massimilla Doni* und *Gambara*; letzterer eine erstaunliche Parallele zwischen musikalischer Komposition und Kochkunst, die beide zum Scheitern verurteilt sind, wenn ihre Eingebung allzu kopflastig wird und sich nicht damit begnügt, *»Empfindungen in uns wachzurufen«*. Balzac hatte sich bei einem Musikwissenschaftler sachkundig gemacht (dem die beiden Romane übrigens gewidmet sind), und es ist eindrucksvoll zu sehen, in welchem Maße die Hörer und Kritiker jener Zeit zur Beurteilung der Werke vor allem auf die Tonartenverknüpfung und die Modulationen achteten.

Im Laufe des 19. Jahrhunderts hat man gleichwohl den Eindruck, daß das musikalische Hören sich seinem Wesen nach verändert. Es scheint die Form anzunehmen, die Wagner anläßlich von Konzerten mit Werken Beethovens brandmarkt, bei denen der Dirigent sich einzig bemühte, *»die Musikphrasen nachsprechen zu lassen, die er selbst nicht verstand, und ungefähr nur so sich zu eigen gemacht hatte, wie man wohlklingende Verse dem reinen Klange nach auswendig lernt, die in einer, dem Recitator unbekannten Sprache abgefaßt sind«*. Amaury-Duval, der Lieblingsschüler von Ingres, bestätigt diese Hörweise auf seine Art, wenn er seinen musikalischen Geschmack und den seiner Kameraden folgendermaßen beschreibt: *»Wie Leute, die eine Kunst lieben, ohne sie studiert zu haben oder zumindest über Vergleiche zu verfügen, liebten wir alle Arten von Musik und gingen bedenkenlos von einer Arie Adams zur A-Dur-Symphonie über.«* Mir scheint, daß der Durchschnitt der Leute, die sich heute in den Konzertsälen oder in der Bastille-Oper drängen, noch immer da steht; oder gar noch weiter zurück, weil es heute ja die öffentlichen Mächte sind, die uns dazu anhalten, der Rockmusik und der *Neunten Symphonie* dieselbe Legitimität zuzubilligen.

Zur gegenwärtigen Woge von Kunstausstellungen lese ich in einem Werk des Kunsthistorikers Edgar Wind: *»Wenn so umfassende Sammlungen so gegensätzlicher Künstler mit der gleichen Anteilnahme und Begeisterung betrachtet werden, dann müssen sich die Besucher schon eine starke Abwehrhaltung zugelegt ha-*

ben. Die Kunst wird so wohlwollend aufgenommen, weil sie ihren Stachel verloren hat, [so daß] *mit dem ständig wachsenden Hunger nach Kunst beim Publikum eine fortschreitende Verkümmerung des Empfindungsvermögens einhergeht.«* Bestimmte Äußerungen Wagners zur Musik, wie sie kurz vor seinem Tode von Cosima aufgezeichnet wurden, weisen bereits in dieselbe Richtung: *»Gestern, wie er von der Popularität des* Manfred *von Schumann in München hörte, sagt er: Sie empfinden ganz dasselbe wie beim* Tristan, *einen gewissen Dusel der Empfindung, denn von künstlerischem Urteil ist doch keine Spur vorhanden.«*

Dagegen fühlte sich der Hörer des 18. Jahrhunderts, von der Kühnheit einer Modulation in drei Schritten begeistert, um von einer Tonart zur Zieltonart zu gelangen, mit dem Komponisten im Einverständnis. Musikalische Kompetenz war damals in Mode, wie das die Zahl, der Umfang und die Ergiebigkeit der Artikel bezeugen, die sich in der *Encyclopédie* darauf beziehen. Das gebildete Publikum kannte die Schriften von Rameau, von d'Alembert und von Jean-Jacques Rousseau. Eine in voller Entwicklung begriffene Musiktheorie genoß, im Verein mit dem System von Newton (zwischen beiden bestanden Brücken[1]), eine Beliebtheit vergleichbar derjenigen, aus der sich gegenwärtig der kommerzielle Erfolg von populärwissenschaftlichen Werken: über Astrophysik und Kosmologie erklärt. Gleichwohl mit einem Unterschied: Wir lesen diese populärwissenschaftlichen Erfolgsbücher als Konsumenten, während die Stammgäste der Salons, in denen Musik aufgeführt wurde (und die größtenteils selbst ausübende Liebhaber waren), mehr oder weniger als Praktiker urteilten. Die Mauer zwischen Hörer und Komponist war noch nicht derart hoch, wie sie das heute geworden ist.

1 In seiner *Optik* setzte Newton die Durchmesser der von der Lichtbrechung verschieden gefärbten Ringe und die verschiedenen Längen eines Monochords, die die Töne einer Oktave hervorbringen, zueinander in eine mathematische Beziehung.

VIII

Adolphe Adam (1803–1856), der Komponist des *Postillons von Lonjumeau*, des *Chalet* und der *Giselle*, hat, wenn ich nicht irre, nur zwei Bücher hinterlassen: *Souvenirs d'un musicien* (1857) und *Derniers Souvenirs d'un musicien* (1859). Félix Clément gibt seine Quelle nicht an. Die Äußerungen, die er zitiert, finden sich zwar wörtlich in Adams Rameau-Studie, die in der *Revue contemporaine* erschien und in den *Derniers Souvenirs* erneut veröffentlicht wurde. Aber Adam bringt dort in beinahe denselben Wendungen eine Begeisterung für die Modulation im zweiten Akt von *Castor et Pollux* zum Ausdruck, deren Echo bis zu H. Quittard und seinem »Rameau«-Artikel in der (von André Berthelot geleiteten) *Grande Encyclopédie* reicht: »Castor et Pollux, *sein Hauptwerk, war noch ein Triumph«*, und er zitiert zur Unterstützung die *»harmonischen Kühnheiten, die neuen und unvorhergesehenen Modulationen«*.

(Zum triumphalen Erfolg von *Castor et Pollux*: Die Heldin von Diderots *La Religieuse*, einem Buch, das in den auf die Fassung von 1754 folgenden Jahren begonnen wurde, trällert *Tristes apprêts* … als Modearie; bei der dritten Wiederaufnahme von 1772 wurden etwa fünfzehn von der Menge bedrängte Zuschauer ohnmächtig, und mehrere erlagen angeblich ihren Verletzungen. Bei der folgenden Reprise berichtet der *Mercure de France* vom Juli 1782, daß die erste Vorstellung den größten Besucherstrom seit der Eröffnung des neues Saales der Académie royale de musique angelockt habe.)

Uns zeitlich näherstehend, ruft Masson in Erinnerung, daß *»die drei Baßnoten, F, As und Es, die den Chor in f-Moll mit dem Rezitativ in Es-Dur verbinden, starke Beachtung bei den Musikern und Kritikern der Zeit gefunden haben«.*

Diese Kommentare stimmen miteinander überein. Sie wiederholen nämlich sehr genau, was im Jahre 1773 der anonyme Autor eines Pamphlets – *Réponse à la Critique de l'opera* Castor *et observations sur la musique* – anläßlich der dritten Wiederaufnahme schrieb, das heißt mehr als ein Jahrhundert vor Adam: *»Diese beiden Tonarten stehen einander sehr fern, der Chor ist in f-Moll, der Monolog in Es-Dur, und die drei Baßtöne mit Terzsprung auf- und Quartsprung abwärts schaffen die Verbindung und die Beziehung. Diesen Übergang* [...] *hat man seither häufig nachzuahmen versucht; aber niemand verkennt, daß er von den berühmten Künstlern zu allen Zeiten besonders hervorgehoben worden ist und daß diese imposante Baßfigur, dieses kurze Mittelglied, das das Ohr in der Abfolge der beiden Tonarten gleichwohl mit Vergnügen erfaßt, immer als eines jener Hilfsmittel bewundert worden ist, auf die nur das Genie verfällt.«* Ein Zeugnis, das, wie wir nicht vergessen wollen, wenigstens zwanzig Jahre nach der Fassung von 1754 zu datieren ist, in der dieser Übergang auftaucht.

Rameau hat nämlich zwei Fassungen von *Castor et Pollux* geschrieben. Die erste, am 24. Oktober 1737 uraufgeführte, enthält diese Modulation nicht. Der erste Akt setzt (nach der Ermordung Castors, der man nicht beiwohnt) mit dem Chor *Que tout gémisse* ein, und eine noch immer in f-Moll stehende Szene trennt ihn von der Arie *Tristes apprêts, pâles flambeaux.* Diese Szene schließt auf der Tonika, und die Es-Dur-Arie beginnt abrupt in der neuen Tonart. Ein häufiger Brauch bei Rameau. *»Zumeist folgen die Tonarten einander«*, schreibt Masson, *»durch einfaches Nebeneinanderrücken der Toniken* [...], *und selten hat Rameau auf diese Art von Anschlüssen eine gewisse Mühe verwendet.«*

Es hat den Anschein, daß die erhalten gebliebenen Partituren der Fassung von 1737 sehr dürftig sind und beinahe nichts über die Instrumentation verraten. Die Fassung von 1737 ist die mit dem Klavierauszug von Albert Chapuis im Anhang, erarbeitet nach den unter Leitung von Saint-Saëns edierten *Œuvres complètes*, in denen beide Fassungen auftauchen; auch die für die Ausgrabung von 1991 in Aix benutzte, und zwar mit einer rekonstruierten Instrumentation (die zuvor von Nikolaus Harnoncourt für eine Aufzeichnung mit dem Wiener *Concentus Musicus* benutzt worden war).

Die zweite, viel dramatischere Fassung, die am 8. Januar 1754 aufgeführt wurde, setzt an die Stelle des Prologs einen bewegten ersten Akt: Feier, plötzlicher Angriff, Kampf, Tod Castors. Wie in der ersten Fassung, wenn auch mit mehr Logik, setzt der folgende (zum zweiten gewordene) Akt mit der Trauerfeier der Spartaner und dem Chor *Que tout gémisse* ein; im Unterschied zur ersten Fassung aber verknüpft der Komponist diesen Chor mit der Arie *Tristes apprêts, pâles flambeaux*. Und es ist die Modulation mit den drei Baßtönen, die den Übergang von f-Moll zu Es-Dur in der Arie vollzieht, die von der den Tod ihres Geliebten betrauernden Télaïre gesungen wird.

Ich lernte diese Version zunächst nach dem Klavierauszug von Théodore de Lajarte kennen, der, so der Autor, mit der Neufassung vom Januar 1754 übereinstimmt, *»in der* Castor et Pollux *seitens seiner Autoren so bedeutsame Veränderungen erfahren hat, daß diese Version der ersten Fassung vom 24. Oktober 1737 beinahe nicht mehr ähnelt«.* Die berühmte Modulation gab es zwar, sie lautete aber – Überraschung! – nicht gleich: anstatt F, As, Es hatte Lajarte F, As, D geschrieben. Die charakteristische Note war nicht mehr die Tonika der neuen Tonart, sondern die Septime …

Durch Vermittlung von Gilbert Rouget hat François Lesure, früher Chefkonservator der Musikabteilung an der Bibliothèque nationale, mir Photokopien der beiden Partituren der Zeit geschickt, die eine gedruckt und von Rameau selbst korrigiert, die andere handgeschrieben: Die charakteristische Note ist sehr wohl Es. Und ein Es hört man auch in der Aufnahme der Fassung von 1754, die im Januar/Februar 1982 von den *English Bach Festival Singers* und dem *English Bach Festival Baroque Orchestra* unter der Leitung von Charles Farncombe eingespielt wurde; eine Aufnahme, die ich dank Didier Eribon von Radio-France erhielt. Ich danke allen, die so dazu beigetragen haben, mich aus einem musikwissenschaftlichen Dickicht zu befreien, in dem ich als Laie mich zu verstricken im Begriff war.

Wie erklärt sich nun die von Lajarte vorgenommene Veränderung? Hat er angenommen, daß zwischen zwei Zieltonarten die Modulation nach der Septime mehr mit den Regeln der Schulharmonielehre übereinstimmte, vielleicht aus Angst, man könne die nach der Tonika für eine »Abgeschmacktheit« halten, eine Gefahr, die Adam selbst ins Auge gefaßt, aber ihrer bloßen Vorstellung nach alsbald verworfen hatte? In der Transkription von Lajarte stimmt das Ritornell der Arie von Télaïre nicht mit der Fassung von 1754 und nicht einmal mit der von 1737 überein.

Wie dem auch sei, ich konnte endlich versuchen, in die Haut eines Hörers des 18. Jahrhunderts zu schlüpfen und die Passage so zu hören, wie Rameau sie tatsächlich geschrieben hatte.

IX

Was habe ich also genau gehört? Eine Tonartenmodulation, sicherlich, die aber, wenn meine Aufmerksamkeit nicht von alten Texten gefesselt worden wäre, wahrscheinlich weder durch ihre Kühnheit noch gar durch ihre Originalität den Durchschnittshörer, der ich nun einmal bin, beeindruckt hätte. Umgekehrt erschien mir der Komplex mit dem Chor der Spartaner und der Arie Télaïres (wenn auch nur in der Fassung von 1754) aus einem Guß und von fremdartiger Schönheit. Deswegen wuchs der sie miteinander verknüpfenden Modulation eine sehr viel größere Bedeutung zu, als wenn sie ein bloßer Tonartwechsel gewesen wäre: ein Aspekt, der für mich im Hinblick auf ihren rhythmischen, metrischen und melodischen Wert sekundär war.

Am Chor der Spartaner hat Adam die Klangfarbe und den Ausdruck gelobt: »*Die dreigliedrige Skala aus abwärtsgerichteten Halbtönen in Imitation* [...] *bringt die reichste und malerischste Harmonik hervor* [...], *alles das wurde zum erstenmal versucht* [...]; *es herrscht in diesem bewundernswerten Stück ein Gefühl von Größe und Trauer, das man beim Lesen oder Hören verstehen kann, dem aber unmöglich anders Anerkennung zu verschaffen ist als durch das Zitat dieses Chores selbst.*«

Er steht in der Tonart f-Moll, aber man möchte meinen, daß das Vorspiel und die Zwischenspiele des Orchesters, allesamt in chromatischen Abwärtsschritten, hartnäckig darauf hinarbeiten, die Idee und sogar die Wahrnehmung der Tonart zu zerstören.

Nach dieser verzehrenden Chromatik richtet sich die Modulation in einer kleinen tonalen Festung ein (*»die dem Generalbaß zufällt«*, unterstreicht der Autor der *Réponse*): die drei Töne, die sie bilden, sind die Grundtöne, der erste (F) der des gerade zu Ende gehenden Teiles, der zweite (As) der seiner Dur-Parallele und der dritte (Es) zugleich der des folgenden Teiles und der unmittelbar nächste Bezugston der beiden vorigen Tonarten im Quintenzirkel. Überdies und vor allem gewährleistet die Modulation nach einem gänzlich aus kleinen Intervallen komponierten Chor den Übergang von einem chromatischen zu einem diatonischen Bereich, die Oktave anstrebend oder erreichend, die ihre ganze Spannweite im Ritornell der Arie von Télaïre findet. In diesem Sinne bereitet die Wahl des Es als charakteristischen Tones, um einen Halbton höher als die Septime, den Hörer auf die diatonischen Abstände vor, deren metrischer Dreischritt (den aber auch die Modulation bereits ankündigt) in der Begleitung der folgenden Arie überwiegt. Die Modulation »sagt« also mehr als die Tonart. Sie »sagt« den Übergang vom Chromatischen zum Diatonischen und präfiguriert in Gestalt eines reduzierten Modells die überraschende Linie, wie sie die Fagotte in der Begleitung von Télaïres Arie zeichnen.

Das alles scheint so genau geordnet, daß man stutzig wird. In der Fassung von 1737 waren die beiden Stücke durch eine lange Szene in derselben Tonart wie der Chor getrennt, die ihre Einheit wahrzunehmen hinderte. Schwebte diese Einheit Rameau bereits zu Beginn vor und hat er sie brechen wollen? Oder hat er sie nachträglich entdeckt und in der zweiten Fassung unter Beweis gestellt? Man würde nur zu gern wissen, wie die Spezialisten diese Fragen beantworten.

Zumal auch ein anderer, mit dem vorhergehenden verknüpfter Aspekt in Erwägung gezogen werden muß.

Der Hörer des 18. Jahrhunderts, ob Komponist oder nicht (aber viele Melomanen komponierten damals auch), war für musikalische Technik empfänglich. Ebenso für den Ausdruck, das heißt für die Art und Weise, wie es der Musik gelingt, Situationen und Gefühle wiederzugeben. Einem Hörer, der am Chor *Que tout gémisse* eine konventionelle Schönheit ohne Beziehung zur dramatischen

Situation zu tadeln fand – *»das ist Kirchenmusik«* –, erwiderte Gluck: *»Und genau das muß es sein,* [denn] *es handelt sich um eine wirkliche Trauerfeier, in Anwesenheit des Leichnams.«* Wir zitieren seine eigenen Worte, fügt im Juli 1782 der Redakteur des *Mercure de France* mit besonderer Betonung hinzu. (Bereits 1773 diskutierte der anonyme Autor der *Réponse* die angebliche Ähnlichkeit des Chores mit Kirchenmusik, wahrscheinlich gegen Chabanon, der ohne Namensnennung im *Mercure* geschrieben hatte: *»Nehmen wir an, Rameau hätte die Totenklagen von Castor dem ersten Teil des* Stabat Mater [von Pergolesi] *entnommen: glaubt man denn, daß er bei dem Tausch etwas eingebüßt hätte?«*; und in seinem Buch *De la Musique ...*: *»Deshalb sind wir der Ansicht, daß der chorisch besetzte und sehr leise Beginn des* Stabat Mater *am Grabe von Castor der Situation völlig angemessen gewesen wäre.«*) In diesem Chor, schreibt Rameau selbst, *»malen die überreichlichen absteigenden chromatischen Intervalle Tränen und Seufzer, wie sie durch lebhaften Schmerz ausgelöst werden«*.

Der Kommentar zur Arie Télaïres, auch er von Rameau, illustriert diese Überzeugung, daß mit jeder technischen Wahl unzweideutig auch ein expressiver Wert verknüpft ist. Der Text ist zitierenswert: *»Fühlt man sich nicht ganz natürlich mit Zerknirschung geschlagen, zusammen mit der Sängerin, die* Tristes apprêts ... *in der Oper* Castor et Pollux *anstimmt, und zwar im Augenblick des Quintsprungs abwärts, nämlich F, das mit der letzten Silbe auf C folgt? Und fühlt man sich nicht etwas erleichtert, wenn dieses C unmittelbar darauf bei der letzten Silbe jener anderen Worte,* pâles flambeaux[1], *wiederkehrt, nicht ohne gleichwohl einige Spuren des ersten Eindrucks zu hinterlassen* [...]*? Wenn man G für F einsetzt, spürt man sofort den Unterschied; die Seele bleibt da in derselben Gemütsverfassung, nichts rührt sie, alles wird ihr gleichgültig, solange dieselbe Tonart bestehenbleibt.«*

Berlioz greift diese Argumentation seinerseits auf: In der Arie Télaïres, schreibt er, *»hat jeder Ton seine Bedeutung, weil jeder*

1 In Wirklichkeit As und Es; aber »aufgrund der Transpositionsmethode nennt man C immer die Tonika der Durtonarten« (*Encyclopédie*, Art. »Ut«).

Ton genau der ist, den der Ausdruck verlangt [...]. *Und die Wiederkehr des Themas und seine plagale Wendung von As zum tonischen Es, obwohl As, die verminderte Quinte des Akkords, diatonisch nach G absteigen müßte; und dieser Baß, so trostlos in seiner traurigen Reglosigkeit wie in seinem Fortschreiten abwärts! Alles das wirkt zusammen, um diese Arie zu einer der sublimsten Konzeptionen der dramatischen Musik zu machen.«*

Rameau erklärt anderswo, er habe in dieser Arie das *»Gefühl düsteren und dumpfen Schmerzes«* malen wollen. Ebendas verspürt auch ein uns so nahestehender Autor wie Masson: *»Im Monolog Télaïres bringt die langsame und schwerlastende Begleitung mit getragenen Akkorden und vielen Pausen einen Effekt von düsterer Trauer und Niedergeschlagenheit hervor«*; und auch er macht sich den Gedankengang von Rameau zu eigen: *»Zu Beginn haben diese beiden Intervalle* [reine Quinten und Quarten], *in absteigender Form benutzt, etwas ich weiß nicht Wildes, das noch von der Teilung der Oktave durch die Subdominante hervorgehoben wird«*, die, laut Rameau, der Tonika fremd ist.

Diese Einstimmigkeit sollte jedoch nicht vergessen machen, daß es im 18. Jahrhundert um die Arie der Télaïre eine Kontroverse gab. Der bereits zitierte Artikel vom April 1772 im *Mercure*, der anonym erschien (aber Chabanon zugeschrieben wird), gibt einen durchaus ernsthaften Kommentar zum Monolog *Tristes apprêts* ab, *»der für seine Zeit erhaben ist, heute jedoch den Zuschauern Kälte einflößt* [...], *die Langeweile läßt uns innerlich vereisen«*. In seinem *Éloge de M. Rameau*, gehalten 1764 am Tage nach dem Tode des Komponisten, hatte Chabanon sich folgendermaßen erklärt: *»Der Trauergesang von Télaïre* [...], *bewegend und düster, ist ein bewundernswertes Rezitativ, aber keine sehr schöne Arie.«* Sein anonymer Widerpart, der Autor der *Réponse*, erhebt Einspruch. Rameau hätte der Arie von Télaïre nur eine brillante Begleitung hinzuzufügen brauchen. Aber er hat es nicht gewollt: *»Rameau hat das Orchester so geschickt gehandhabt und mit dem Gesangspart verschmolzen, daß diese der Haupthandlung untergeordnete Begleitung ihm mehr Neues verleiht und sogar zur Düsternis des Gesamtbildes beizutragen scheint.* [...] *Ein* *starker und gekünstelter Ausdruck des Orchesters hätte den der Sängerin abgeschwächt* [...]. *Die Sängerin muß zu uns sprechen, nicht das Orchester.«*

Für mich ist das Gegenteil richtig. Weit gefehlt, daß *»der Monolog eine bloße Zutat zum Chor ist«*; eher erscheint der Chor mir als Vorbereitung des Orchesterparts des Monologes, der als seine logische Folge fungiert und ihn zum Schluß führt. Was der Hörer des 18. Jahrhunderts (ausgenommen Chabanon, der Gluck beglückwünschte, in Renauds Monolog im zweiten Akt seiner eigenen *Armida* die Hauptstimme der »Symphonie« und dem Orchester die Aufgabe anvertraut zu haben, die Worte zum Ausdruck zu bringen), was Rameau selbst und was Berlioz und Masson als Positives wahrgenommen haben, sehe ich selbst negativ; auf dem Wege von ihrer Hörweise zu meiner werde ich Zeuge einer Umkehrung von Gestalt und Hintergrund.

Wie zahlreiche meiner Zeitgenossen, so stelle ich mir vor, berühren der Tod Castors, die Trauer der Spartaner und die Verzweiflung Télaïres mich kaum. In bezug auf den Ausdruck von Gefühlen sind wir komplizierter geworden. Sie erreichen uns durch die Deutungen anderer musikalischer Werke: *Don Giovanni, Tristan, Carmen, Tosca* oder *Pelléas*... Das Ritornell der Arie von Télaïre erscheint mir, allen Ausdrucks bar, als eine *»jener aufdringlichen Begleitungen, die sich über ihren Gegenstand lustig machen, das heißt: die daran keinerlei spürbaren Rückhalt haben«*, wie sie ein von Masson zitierter Zeitgenosse Rameaus verspottete; wenn er nicht sogar das verurteilte, was in meinen Augen das Verdienst dieser Begleitung ist: in einer langen Phrase die Form und den Inhalt der Modulation zu entwickeln und zu rechtfertigen, die antizipierend bereits deren Skizze entwarf.

Dieses Ritornell und die darauf folgenden Einwürfe des Orchesters berühren mich, weil sie menschlichen Gefühlen gleichgültig zu begegnen scheinen, auf ganz andere Weise. Man möchte meinen, daß ihre Musik aus einer anderen Welt und einer anderen Zeit stammt: etwa wie eine Kadenz von Bach, von Strawinsky überarbeitet, der ihr seinen Stempel aufgedrückt hätte (die vorherrschende Klangfarbe der Fagotte gemahnt an das *Oktett für*

Blasinstrumente). Das Orchester spricht eine Sprache, die der dramatischen Handlung äußerlich ist. Man kann nicht sagen, daß diese Sprache etwas – was auch immer – ausdrückt: ihre Prägnanz ist rein musikalischer Natur.

Man nimmt das Orchestervorspiel zur Arie Télaïres, das formal nach dem Modell der Modulation entworfen ist, die es vorbereitet, als Entwicklung der Modulation selbst wahr. Nach deren Bild schreitet es in dreistimmigen Akkorden fort (zu denen hier die Bässe treten), die leicht arpeggiert und in Werte von gleicher Dauer zerlegt sind. Es kreist um den Es-Dur-Akkord und seine Umkehrungen, erreicht ihn zunächst, entfernt sich dann davon und kehrt schließlich wieder zu ihm zurück. Eine (wegen der großen Intervalle) unerwartete Wegstrecke, anhand deren es diesem schmucklosen und strengen Bindeglied gelingt, die Chromatik des Chores der Spartaner in eine ihrerseits ins Extrem getriebene Diatonik zu transformieren. Weit entfernt, sich darauf zu beschränken, den Übergang zwischen zwei Tonarten zu gewährleisten, wie das die Zeitgenossen verstanden haben, enthüllt die Modulation dem Hörer die komplexe Formel, die der Komponist anwendet, um, nach Art eines Architekten, einen mehrdimensional entworfenen Plan zu verwirklichen.

Jean-Philippe Rameau, Castor et Pollux, Fassung von 1754
(Bibliothèque nationale, Vm² 331)

SCENE IIe

Telaire

Diderot lesen

X

Wenn Diderot vom Künstler *»zwei wesentliche Eigenschaften«* fordert, nämlich *»Moral und Perspektive«*, reflektiert er über die Malerei so, wie die Musikliebhaber seiner Zeit über ihren Gegenstand reflektierten: *»In jeder Nachahmung der Natur gibt es Technik und Moral«*; und wenig später: *»Es gibt zwei Arten von Enthusiasmus: den der Seele und den des Handwerks.«* Wir Heutigen bringen der Form und dem Gegenstand nicht mehr die gleiche Aufmerksamkeit entgegen. Uns interessiert weniger, was das Bild darstellt, als die vom Künstler gewählte Art und Weise, eine Szene darzustellen, wobei dann die gegenständliche Intention in den Hintergrund tritt. Das Sujet, für sich genommen gleichgültig geworden, braucht nur noch losen Kontakt zum Realen zu haben: die notwendige Bedingung, damit die Malerei nicht mit Mann und Maus im Schiffbruch der nichtgegenständlichen Kunst untergeht.

Sogar bei Abwesenheit eines moralischen Interesses bleibt das intellektuelle intakt. (Die Abwesenheit eines moralischen Interesses übt übrigens einen negativen Einfluß aus: Die sakrale Malerei, und sei sie noch so erhaben, bewegt den Ungläubigen weniger als profane Werke desselben Künstlers. Denn der Ungläubige wäre, wenn er sich die Frage stellte, unfähig, jener sakralen Malerei ein moralisches Interesse einzuräumen, das bei ihm keinerlei Vorstellung weckte. Sogar auf diejenigen, die sich davon frei glauben, übt das moralische Interesse noch eine Wirkung aus, aber, wenn man so sagen kann, im verkehrten Sinne.)

Ferne sei mir also die Idee einer Unterschätzung der kapitalen Bedeutung der ikonographischen und ikonologischen Analysen von Erwin Panofsky, der die Formalisten erlegen sind; ferne auch, um mich auf *ein* Beispiel zu beschränken, die Unterschätzung von Edgar Winds Entzifferung der Bedeutung von Botticellis *Primavera*. Ich bin sogar versucht, sie noch etwas weiterzutreiben, indem ich anmerke, daß die Keuschheit (eine der drei Grazien) nicht nur ihre Augen auf Merkur gerichtet hält. Sie ist, als das von Cupidos Pfeil ausersehene Ziel (Wind hat das als erster bemerkt), offenbar im Begriff, sich in diesen Merkur zu verlieben, der, seinerseits mit himmlischen Dingen befaßt, dafür keinerlei Blick hat. Resultiert daraus eine unglückliche oder eine erwiderte, aber sittsame Liebe? In beiden Fällen wäre die zur Linken dargestellte Liebesbeziehung das symmetrische und inverse Gegenstück zu jener anderen, wie sie das Paar Zephyr – Chloris auf der rechten Bildseite verkörpert, bei dem die physische Leidenschaft deutlich zutage tritt. Und auch die aktive oder passive Polarität der Geschlechter verkehrt sich vom einen Paar zum anderen ins Gegenteil.

Hypothetischerweise bietet sich das Sujet also einem intellektuellen Interesse an. Es weist dem Künstler ein Problem zu, das er lösen muß, und erlegt ihm einen Komplex von Zwängen semantischer Art auf (»das Sujet behandeln«). Diese Zwänge gesellen sich jenen anderen hinzu, die der Suche nach formaler Harmonie innewohnen: der bereits an und für sich schönen Disposition von Farben und Linien auf einer Oberfläche. Das Werk erreicht durch diese Begegnung einen Grad höherer Organisation. Was in dem einen System die Wertigkeit eines Terms hat, übernimmt im anderen die einer Funktion und umgekehrt.

Im *Essai sur l'origine des langues* entwirft Rousseau eine Theorie der Malerei, und zwar im Zusammenhang mit und gleichsam als Illustration seiner Ideen zur Musik. Auch er nimmt sie durch einen Kristall mit doppelter Brechung wahr: in der Malerei einerseits die Zeichnung, andererseits die Farbe; in der Musik einerseits die Melodie, andererseits die Harmonie. Wie Jean Starobinski so treffend sagt, postuliert Rousseau *»eine Homologie-Beziehung* *zwischen der Opposition Melodie/Harmonie und der Opposition Zeichnung/Farbe«.* Gleichwohl unterscheiden sich Malerei und Musik voneinander: *»Jede Farbe ist absolut, unabhängig, während jeder Ton für uns nur relativ ist und sich nur durch Vergleich unterscheidet.«* (Aber die Töne existieren ebenfalls unabhängig wie die Farben, wenn man sich darauf beschränkt, sie nach ihrer Schwingungszahl zu definieren. Und auch die Malerei ordnet die wesenseigenen Merkmale der Farben den Beziehungen unter, die der Maler zwischen ihnen stiftet. Je nachdem, ob er über Malerei oder Musik spricht, faßt Rousseau bald die Dinge, bald die Beziehungen zwischen den Dingen ins Auge.)

Wenn er den Vergleich der beiden Künste weiter vorantreibt, möchte man mitunter glauben, daß er die Idee einer nichtgegenständlichen Malerei vorausahnt und verurteilt: *»Stellen Sie sich ein Land vor, wo man keinerlei Ahnung vom Zeichnen hat und wo dennoch viele Leute in der Malerei zu glänzen meinen, die ihr Leben damit verbringen, Farben zu kombinieren, zu mischen und abzuschattieren* [... man würde sich halten an] *jene schöne Simplizität, die in Wahrheit gar nichts aussagt, aber mit feinen Nuancierungen glänzt, mit großen, wohlkolorierten Flächen und sehr allmählichen Farbabstufungen ohne klare Kontur.«* Man wird sich dann an die rein sinnliche Wahrnehmung halten oder *»schließlich doch wohl zur Kenntnis der Farbzerlegung im Prisma fortschreiten«* und zu der Lehre, daß die gesamte Malkunst in der Kenntnis und Übertragung der *»genauen Verhältnisse«* besteht, *»die in der Natur existieren«*. Die Fabel ist durchaus anschaulich, weil sie, in Gestalt einer Karikatur, die Sackgasse, in der sich der erste Impressionist gefangen sah, und das Mittel, aus ihr wieder herauszukommen, vorwegnimmt, das Seurat dann gefunden hat.

Diese ganze Entwicklung erscheint jedoch von einem Werk von Batteux beeinflußt – *Les Beaux-Arts réduits à un même principe* –, das 1746 erschienen war (und das Diderot, unter dem Vorwand, es befehden zu wollen, geradezu maßlos geplündert hat). Ich zitiere: *»Jede Musik muß einen Sinn haben.* [...] *Was würde man von einem Maler sagen, der sich damit begnügte, flüchtige Striche und lebhafte Farbflächen ohne jede Ähnlichkeit mit ir-*

gendeinem bekannten Gegenstand auf die Leinwand zu werfen? Dasselbe läßt sich auch auf die Musik anwenden. [...] *So genau ihre Töne auch berechnet, so geometrisch ihre Akkorde auch ausfallen mögen: mit allen diesen Eigenschaften hätte sie doch noch keinerlei Bedeutung; man könnte sie lediglich mit einem Prisma vergleichen, das das schönste Kolorit bietet, aber keinerlei Gemälde. Es handelte sich damit um eine Art chromatisches Cembalo, das Farben und Passagen böte, um möglicherweise die Augen zu erfreuen, den Geist aber mit Sicherheit zu langweilen.«*

In einem anderen Text, der weitaus origineller ist, beginnt Rousseau mit Erwägungen über die Rolle der Konvention bei der ästhetischen Wahrnehmung, denen es nicht an Kühnheit mangelt: *»Auch in der Nachahmung kehrt Willkürlichkeit wieder.«* Das gilt für die Harmonik, deren vermeintlich eherne Gesetze nur approximativ sind und uns nicht durch ihre Wahrheit schmeicheln, sondern durch einen Gewöhnungseffekt. Es gilt aber auch für die Malerei: *»Wenn das Urteilsvermögen des Betrachters den Wandel nicht erfaßt und sich darauf beschränkt, das Bild so wahrzunehmen, wie es ist, wird er sich hinsichtlich aller Beziehungen täuschen und sie sämtlich falsch finden.«* In der Farbgebung eines Bildes, im Zusammenklang der Farben und in manchen Teilen der Zeichnung tritt *»mehr Willkürliches zutage, als man denkt, und* [...] *sogar die Nachahmung kann auf konventionellen Regeln beruhen«.*

Dann folgt der nachstehend zitierte überraschende Abschnitt: *»Warum wagen es die Maler nicht, neue Nachahmungen in Angriff zu nehmen, gegen die nur ihre Neuheit spricht und die überdies restlos aus dem Bereich der Kunst stammen? Beispielsweise ist es spielend leicht für sie, eine ebene Oberfläche als Relief erscheinen zu lassen: warum hat also niemand von ihnen versucht, einem Relief den Anschein einer ebenen Oberfläche zu verleihen? Wenn sie es fertigbringen, daß eine Decke wie ein Gewölbe aussieht, warum gelingt es ihnen dann nicht, ein Gewölbe wie eine Decke aussehen zu lassen? Die Schatten, werden sie sagen, verändern sich von verschiedenen Standpunkten aus; und das gilt eben nicht für ebene Oberflächen. Beheben wir diese Schwierigkeit und bit-*

ten wir einen Maler, eine Statue so zu bemalen und zu kolorieren, daß sie flach, eben und einfarbig erscheint, ohne jede Zeichnung, in einer einzigen Beleuchtung und aus ein und derselben Perspektive.« Antizipierend enthüllt Rousseau hier vielleicht sogar eines der Geheimnisse des Kubismus. Ich weiß nicht, ob die kubistischen Maler je Statuen koloriert haben; aber wenn sie eine in eines ihrer Bilder einfügen, vernichten sie ihre Räumlichkeit, stellen sie sie flach dar und unterdrücken die Schatten oder transformieren sie in Farbtöne.

In der Malerei unterscheidet Rousseau einerseits das sinnliche Wohlgefallen, von den Farben bewirkt, deren Werte rein dekorativ sind; andererseits die Erkenntnis ihrer physikalischen Gesetze, die zur Kunst selbst nichts beiträgt. Dieselbe Dualität herrscht in der Musik, wenn man sie auf die Harmonie reduziert: diese Harmonie läßt nur die Wahl zwischen dem sinnlichen Vergnügen an den Tönen und der Anwendung der Gesetze, die sie in einer Kunstmusik erzeugen, die ihrerseits keinerlei Vergnügen verschafft.

Wo es sich um den anderen Aspekt von Malerei und Musik handelt – die Zeichnung im einen, die Melodie im anderen Falle –, erkennt ihnen Rousseau dagegen eine deskriptive Funktion zu: *»Allein die Nachahmung erhebt sie in diesen Rang* [von schönen Künsten].« Diese Reduktion der Zeichnung auf die Anekdote führt uns weitab von der Konzeption, die Ingres von der Zeichnung entwickelt, wenn er sagt, daß sie die *»Redlichkeit der Kunst«* sei: das, wodurch das Kunstwerk Strenge der Komposition und inneres Gleichgewicht erreicht. Rousseau aber läßt die schönen Künste wie Diderot zwischen Technik und Figuration zerschellen, ohne zu sehen, daß sie ganz und gar im Raum zwischen den beiden beheimatet sind.

XI

Auf jedem seiner Bilder erzählt Poussin eine Geschichte. Die Zeitgenossen bewunderten vor allem seine Art und Weise, die Figuren zu häufen, um sie detaillierter kennzeichnen zu können. Dennoch ist nichts weniger anekdotisch, denn die Organisation eines Bildes von Poussin verfährt, um die Sprache der Linguisten zu benutzen, nicht syntagmatisch, sondern paradigmatisch. So schreibt er im Zusammenhang mit der *Mannalese*: *»Ich habe eine gewisse Verteilung* [...] *und bestimmte natürliche Haltungen gefunden, die dem jüdischen Volk den Zustand von Elend und Hunger zeigen, in den es verfallen war, und die Freude, und den Jubel, der bei ihm einzieht; die Bewunderung, von der es ergriffen wird, und die Achtung und Ehrerbietung, die es dem Gesetzgeber entgegenbringt.«* Poussin versammelt somit alle Einzelaspekte des Problems auf seiner Leinwand; aber er macht sie nicht zu Begebenheiten, die einander zeitlich zu folgen hätten.

In *Pyramus und Thisbe*, einem Bild, das sich in Frankfurt am Main befindet (Gewittersturm), scheint der Teich mit seinen erstarrten Wassern die Unruhe der vom Wind gepeitschten Bäume Lügen zu strafen. Aber ebenso wie Poussin behauptet, in sein Bild Figuren eingefügt zu haben, die durch verschiedene Bewegungen gekennzeichnet sind und *»ihre Persönlichkeit nach Maßgabe des herrschenden Wetters spielen«*, stellt er dort auch verschiedene Aspekte des Gewittersturms zusammen, der zu unterschiedlichen Zeitpunkten wahrgenommen wird: entfesseltes Unwetter und beängstigende Windstille, die dem ersten Donnerschlag vorausgeht, während sich der Himmel verdüstert. Diese für Poussin typische Art und Weise der Nebeneinanderstellung verschiedener Möglichkeiten (wie man sie bereits im *Tod des Germanicus* sieht) bildet das genaue Gegenstück des Berichts.

Dasselbe im *Salomonischen Urteil* im Louvre. Kein Detail der Geschichte (und sicherlich auch nicht der biblische Bericht im Ersten Buch der Könige 3, 16–27) legt die Vermutung nahe, daß der Tod des Kindes vor dem Angesicht des Königs eingetreten sein könnte: Das Kind ist bereits tot, alle Welt ist sich darüber einig, die Geschichte ist ausgestanden. Poussin aber kommt es darauf an, alle Elemente der Situation gleichzeitig präsent zu haben, selbst wenn sie zeitlich nicht zusammenfallen. Wie in der mittelalterlichen Bildhauerkunst, wo man jeden Heiligen an seinem Unterscheidungsmerkmal erkennt, stellt Poussin die böse Mutter in Übereinstimmung mit ihrer Definition dar, nämlich als wahre Mutter des toten Kindes: es ist also präsent, in ihren Armen liegend (was Poussin überdies erlaubt, aus dem galligen Teint der Frau, dem fahlen kleinen Leichnam und dem Dunkelrot und Olivgrün des Kleides eine wunderbare farbliche Harmonie zu komponieren, die unmöglich gewesen wäre, wenn er diese Farbtöne auf die beiden Frauen hätte verteilen müssen). Die Regel der Einheit der Zeit darf der Suche nach der pikturalen Harmonie nicht im Wege stehen. Im Zusammenhang mit dem *Wasserschlagen aus dem Felsen* fordert Poussin jene Freiheit des Künstlers, *»der bei den Dingen, die er darstellen will, recht genau* [...] *über das unterrichtet ist, was erlaubt ist, Dinge, die genommen und aufgefaßt werden müssen, wie sie sind oder wie sie sein müssen«*.

Genau wie Poussin waren seine Zeitgenossen über dieses Problem im Bilde, aber nach seinem Vorbild weigerten sie sich, sich davon abhalten zu lassen. Als Le Brun vor der Académie royale de peinture einen Vortrag über *Die Mannalese* hielt und das Bild vorbehaltlos lobte, warf irgend jemand ein, Poussin habe die Israeliten aber doch nicht in derart großem Elend darstellen müssen, *»weil das Volk, als das Manna in der Wüste herniederregnete, ja schon durch die Wachteln gerettet worden war«*. Darauf erwiderte Le Brun, daß es in der Malerei nicht so zugehe wie in der Geschichte: *»Da der Maler nur einen Augenblick zur Verfügung hat, in dem er die Dinge, die er darstellen will, erfassen kann, ist es zur Darstellung dessen, was in diesem Augenblick vor sich gegangen ist, manchmal erforderlich, daß er viele vorausgehende Begebenheiten zusammenzieht, um das Sujet, das er vorstellt, verständlich zu machen.«* Der Historiker, sagt seinerseits Félibien, *»stellt nacheinander jede Aktion dar, wie sie ihm beliebt«*, während der Maler *»mehrere zu verschiedenen Zeiten vorgefallene Ereignisse zusammenbündeln muß«*.

In diesem Bereich wie in manchen anderen zeigt sich das 18. Jahrhundert manchmal rückschrittlich (möglicherweise *mußte* der Akademismus versteinern und verknöchern, damit der empiristische und rationalistische Geist seinen Aufschwung nehmen konnte). Wie dem auch sei, Diderot verweigert dem Maler den Spielraum, den Poussin, Le Brun und Félibien ihm ließen: *»Wenn ich bei diesen* [auf einem Bild dargestellten] *Bewegungen bemerke, daß eine davon dem vorhergehenden oder dem folgenden Augenblick zuzuordnen ist, ist das Gesetz der Einheit verletzt.«*

Diderot greift das Problem erneut in seinem Artikel »Encyclopédie« auf und entwirft dort zur Bewältigung der Schwierigkeit eine interessante Theorie. Weil *»die Malerei zwar beständig, aber nur Ausdruck eines momentanen Zustandes«* ist, kann sie von der Natur nur unzusammenhängende Bilder geben. *»Auch wenn Sie diese Gestalten* [einer Gruppe] *beliebig vermehren, wird immer eine Unterbrechung bestehen.«* Die Malerei führt also zu einem sehr allgemeinen philosophischen Problem zurück, mit dem sich bereits die Theorie der Zahlen konfrontiert gesehen hat: *»Kann man denn jede stetige Größe durch eine unstetige messen?«*

Nun illustriert die Sprache, fährt Diderot fort, eine analoge Situation, denn es gibt *»bei den Ausdrücken zarte Nuancen, die zwangsläufig unbestimmt bleiben«*, und von diesem Standpunkt aus sieht sich der Enzyklopädiker in seinem Projekt einer Vermittlung von Erkenntnissen *»durch die Unmöglichkeit, die ganze Sprache intelligibel zu machen«*, gehindert.

Aber im Gegensatz zu dem, was für die Malerei gilt, verfügt die Sprache über ein Mittelglied: Weniger zahlreich als die Wörter, die sie enthalten, enthüllen die Wortstämme eine Kontinuität zwischen den diskreten Wörtern derselben Art: im Vergleich zu ihnen repräsentieren sie Zwischenzustände, die die Malerei ihrerseits nicht darzustellen in der Lage ist.

Es sei also die *Invarianz*, die die Antinomie von Kontinuierlichem und Diskretem zu überwinden erlaube. Bei diesem Versuch einer Annäherung von Malerei und Sprache bleibt Diderot jedoch auf halbem Wege stehen. Man würde erwarten, daß er über den Begriff der Invarianz in seiner Anwendung auf das Problem der Malerei mit sich zu Rate geht. Statt dessen aber scheint er einzuräumen, daß das bereits die Bilder von Greuze besorgt haben: *»Genau so müssen die Dinge sich abgespielt haben«*, schreibt er im *Salon* von 1759 im Zusammenhang mit der *Dorfbraut*. Offenbar aber hat er nirgendwo an Stil und Kompositionsweise von Greuze untersucht, worin diese Invarianz besteht. In Wirklichkeit rührt die Begeisterung von Diderot für Greuze nämlich aus anderen Erwägungen her.

Ich halte sie für derjenigen vergleichbar, die zu ihrer Zeit sogar von den Liebhabern der schönsten Malerei (bewunderte Diderot nicht Chardin?) angesichts der Erfindung des Kinos empfunden wurde. Auch Greuze hat nämlich etwas erfunden: die Darstellung des Augenblicks mit so realistischen und derart ins einzelne gehenden Mitteln, daß sie, und sei es aufgrund der zu ihrer Aufspürung benötigten Zeit, die Illusion der Dauer vermitteln. Richardson hatte das bereits für die Literatur geleistet, man brauchte es nur zu transponieren: *»Sein Schauplatz ist die Welt, in der wir leben; der Inhalt seines Dramas ist wahr; seine Charaktere sind mitten aus der Gesellschaft herausgegriffen; seine Gestalten haben die volle Realität, die möglich ist; seine Verwicklungen entsprechen den Sitten aller gebildeten Nationen* [...]. *Besäße der Autor nicht diese Kunst, so müßte ihm meine Seele mühsam auf phantastischen Abwegen folgen; die Illusion, die entstünde, dauerte nur einen Augenblick, der Eindruck wäre schwach.«*

Was Diderot an Richardson und Greuze bewundert, ist also

ganz genau das, was man später von der kinematographischen Kunst fordern wird: *»Ausbrüche der Leidenschaft haben oft genug eure Ohren getroffen, aber ihr seid weit davon entfernt, all das Geheimnisvolle zu erkennen, das im Ton und Ausdruck der Leidenschaft liegt. Es gibt keine Leidenschaft, die nicht ihre Physiognomie hätte; alle diese verschiedenen Physiognomien können einander auf einem Gesicht ablösen, ohne daß dieses aufhörte, ein und dasselbe Gesicht zu bleiben; und die Kunst des großen Dichters und des großen Malers besteht ebendarin, euch eine flüchtige Einzelheit zu zeigen, die euch entgangen ist.«* Besser läßt sich nicht beschreiben, was wir von der Großaufnahme im Film erwarten. Und es ist der »Western«-Aspekt *avant la lettre*, der Diderot an Joseph Vernet fesselt: *»mit einer unendlichen Kunst die Bewegung und die Ruhe mischen, das Tageslicht und die Finsternis, die Stille und den Lärm«.*

Die Geschichte der Künste spielt manchmal Ziehharmonika. Mit seinen *»notwendigen Längen«* hat Richardson zunächst die Literatur gestreckt und ausgewalzt, die das Momentaufnahmen-Kino von Greuze dann in seinen Bildern komprimieren wird (die jedoch, siehe die *Salons*, sehr viel Raum zur Beschreibung einnehmen). Das Kino seinerseits, das anhand von Bildern operiert wie die Malerei, wird sie auswalzen, indem es sie in der Dauer häuft, ganz wie die Literatur mit den Wörtern verfährt.

XII

Zu Beginn seines 1751 im ersten Band der *Encyclopédie* erschienenen Artikels »Beau« kündigt Diderot an, er werde nunmehr das Problem des Wesens des Schönen lösen, an dem alle seine Vorgänger gescheitert seien. In Wirklichkeit wiederholt er damit eine sehr alte philosophische Idee, der die theoretischen Werke Rameaus bereits den Glanz des Beweises verliehen hatten, wenn auch nur für die Musik: Das Schöne besteht in der Wahrnehmung von Beziehungen. Welcher Beziehungen?

Vor allem darum bemüht, das Abstrakte nicht vom Konkreten zu trennen, die Form nicht vom Inhalt, die Idee nicht vom Ding, sieht Diderot im Begriff der Beziehung eine vom Verstand vollzogene Abstraktion einer Erfahrung, die so verbreitet ist, *»daß es keinen Begriff gibt, außer vielleicht den der Existenz, der den Menschen so vertraut werden konnte«*. Wenn aber der Begriff der Beziehung *»aus keiner anderen Quelle fließt als der der Existenz«* und wenn sich also alles in der Natur zur Wahrnehmung von Beziehungen eignet, welche dieser Beziehungen begründen dann den Begriff des Schönen? Wodurch unterscheiden sie sich von anderen?

Bei zwei Gelegenheiten hat Diderot versucht, darauf eine Antwort zu geben. In seinem zeitgleich mit dem Artikel »Beau« entstandenen *Brief über die Taubstummen* mit seiner Theorie der »Hieroglyphen«, die der Poesie die Macht zuerkennt, die Dinge sowohl auszusprechen als auch darzustellen: *»Zu ebender Zeit,* *da der Verstand sie erfaßt, sieht die Einbildungskraft und hört das Ohr sie.«* Der poetische Diskurs erscheint so als ein *»Gewebe von ineinander verschachtelten Hieroglyphen«*. Diderot illustriert diese Theorie durch Beispiele aus der alten und modernen Poesie und analysiert sie aus phonetischer und prosodischer Perspektive. Eine heutige strukturale Analyse würde, auf dieselben Werke angewendet, in einem ersten Schritt die Mehrzahl seiner Beobachtungen bereitwillig übernehmen.

Diese Art Konzeption der Poesie ist sehr modern, aber gehört sie auch wirklich Diderot? Man wird gewahr, daß sie bereits bei Batteux vorkommt, aber damit nicht genug. *Der Brief über die Taubstummen* ist, von vorn bis hinten, eine herbe Polemik gegen Batteux. Wenn Diderot aber behauptet, über seinen Gegner triumphiert zu haben, und zwar durch den Nachweis, daß *»die Harmonie der Silben und die Harmonie der Sätze eine Art Hieroglyphe erzeugt, die der Poesie eigentümlich ist«*, greift er lediglich Batteux' Theorie der drei Harmonien wieder auf, die Batteux in derselben Reihenfolge aufgestellt hatte, mit dem einzigen Unterschied, daß die dritte, die der Poesie eigen ist, vom einen »künstlich«, vom anderen »akzidentell« genannt wird.

Diderot ist so aufnahmebereit, so offen für die Ideen anderer, daß er häufig glaubt, es seien seine eigenen. Mit geradezu entwaffnender Aufgeräumtheit wirft er ihren wirklichen Urhebern später dann vor, sie nicht gehabt zu haben, und schreibt ihnen diejenigen zu, die er geäußert hat, als er sie noch nicht gelesen hatte. Ein Hokuspokus, wie er auch heute nicht eben selten ist.

Ich will nicht behaupten, der Abbé Batteux sei ein tiefer Denker gewesen. Seiner Schlüsselidee aber – das einzige Ziel der Kunst besteht darin, die »schöne Natur« nachzuahmen – setzt Diderot ein einfältiges Argument entgegen: *»Warum, fragen* [jene Leute] *mich, ist eine geborstene, knorrige alte Eiche, die ich fällen ließe, wenn sie vor meiner Tür stünde, genau das, was der Maler vor ihr anpflanzen würde, wenn er meine Hütte zu malen hätte?«* Denn Batteux hatte bereits vor ihm erklärt, warum Gegenstände, die in der Natur Mißfallen erregen, in der Kunst durchaus angenehm sein können: *»In der Natur würden sie uns* *unsere Vernichtung fürchten lassen, sie würden uns ein Gefühl einflößen, das von der Voraussicht einer wirklichen Gefahr begleitet wäre: und da das Gefühl uns von sich aus gefällt und die Realität der Gefahr uns mißfällt, würde es sich darum handeln, die beiden Seiten desselben Eindrucks zu trennen. Ebendas ist der Kunst gelungen: indem sie uns den Gegenstand vor Augen führt, der uns erschreckt, und sich zugleich selbst sehen läßt, um uns zu beruhigen und uns dadurch das Vergnügen der Empfindung ohne irgendeine unangenehme Beimischung zu verschaffen.«*

Mehrere Jahre nach dem *Brief* versuchte Diderot (der die Theorie der Hieroglyphen damals für auf die Malerei nicht anwendbar hielt oder sich diesbezüglich eher widersprach), sich im *Salon* von 1763 einen neuen Weg zu bahnen. Die Farben des Bildes, sagt er da, reproduzieren nicht die des Modells, sie bieten eine Homologie dazu: *»Die große Magie besteht darin, der Natur so nahe wie möglich zu kommen und alle Gegenstände im gleichen Verhältnis verlieren und gewinnen zu lassen.«* Malen heißt nicht nachahmen, sondern übersetzen. Diesmal hält der Essay jedoch plötzlich inne; einige Seiten später räumt Diderot ein: *»Man versteht diese Magie überhaupt nicht.«* Im *Salon* von 1767 bleibt von den Hieroglyphen nichts mehr, es sei denn die Idee einer *»Kunst, die ebensowenig auf Konvention beruht wie die Effekte des Regenbogens«*: eine geheimnisvolle Korrespondenz zwischen den Ideen und den Tönen, die er auf sinnliche Effekte reduziert, ohne zu verstehen, daß sie zunächst intellektueller Natur ist.

Um diese Sackgassen zu vermeiden, hätte er erkennen müssen, daß das Schöne sich nicht auf die einfache Wahrnehmung von Beziehungen reduziert, denn das gilt von jedem beliebigen Gegenstand. Bei einem schönen Gegenstand stehen diese Beziehungen selbst in Beziehung zueinander, und ebendas verleiht ihm größere Dichte. Diderot ließ nur die einfachen Beziehungen gelten; die komplizierten ächtete er. Ganz im Gegenteil: Der schöne Gegenstand unterbricht oder schwächt die einfachen Beziehungen, die die Gegenstände der gewöhnlichen Erfahrung miteinander verbinden und mit denen er als Gegenstand unter anderen selbst verbunden ist. Man kann diesen Effekt zur Kenntnis nehmen oder wird Zeuge davon, wenn man den Kunstgegenstand vereinzelt. Poussin gab diese Notwendigkeit sehr deutlich wieder, wenn er verlangte, man solle seine *Mannalese* mit etwas *»Gesims schmücken, damit, wenn man sie in allen ihren Teilen betrachtet, die Lichtstrahlen des Auges zurückgehalten und nicht nach draußen abgelenkt werden, wenn sie die Vielzahl der anderen benachbarten Gegenstände aufnehmen, die, in wirrem Durcheinander mit den gemalten Objekten, das Tageslicht trüben.«*

Diese Beziehungen, die beim Kunstwerk gehäuft auftreten, und zwar auf Kosten derjenigen, die es zum übrigen unterhält, erheben es zu höherer Wirkkraft. Daß diese Beziehungen wiederum untereinander in Beziehung stehen, macht es zu einer Entität, die in sich selbst und durch sich selbst existiert. So wie Kant es definitiv ausgedrückt hat: eine (innere) Zweckmäßigkeit ohne (äußeren) Zweck; mit anderen Worten: ein absolutes Objekt.

Die mißlungenen Versuche Diderots hängen zum großen Teil mit jener Ungeduld der gleichwohl für Francis Bacon begeisterten Denker des 18. Jahrhunderts angesichts der Imperative der Erfahrung zusammen. Bei dieser Erfahrung werden sie von einer Art Gier heimgesucht. Wo sie ihnen fehlt, erfinden sie sie sogar; oder fallen, wenn sie sich bewußt werden, daß sie den Boden unter den Füßen verlieren, wieder in die Abstraktion zurück. In zwei Versuchen hat Diderot begriffen, daß die Probleme der Ästhetik nur durch die Behandlung konkreter Fälle gelöst werden können: in seiner »hieroglyphischen« Analyse einiger griechischer, lateinischer oder französischer Verse, aber die Idee stammt nicht von ihm, und er hält bei den klanglichen Werten und den Metren inne; und in einigen soliden Reflexionen zu Chardin, zu denen er sich aber nur bemüßigt fühlt, um alsbald über andere Maler zu sprechen. Lassen wir ihm jedoch Gerechtigkeit widerfahren: er ist sich dieser Unzulänglichkeiten bewußt. Im Artikel »Beau« setzt er sie seinen eigenen entgegen. Aber wie hofft er sie lösen zu können? Auf rein negative Weise, indem er alle die Fälle erfaßt, in denen die Menschen Beziehungen wahrnehmen, die sie fälschlich für ästhetische Beziehungen halten, und ohne eine Definition zur Unterscheidung derer vorzuschlagen, die es wirklich sind, das heißt des ganzen Restes, den er unbestimmt läßt.

Tatsächlich gelingt es Diderot nicht, durch eine Reflexion konkreter Fälle, die mehr Hartnäckigkeit erfordert hätte, die Antinomie der Idee und der Sache, des Sensiblen und des Intelligiblen zu überwinden, angesichts derer er in seinem Artikel letztlich scheitert. Diese Antinomie verlängert sich bis in die *Salons* (wo Diderot doch besondere und einzelne Objekte vor Augen hat), und zwar im verkleinerten Maßstab einer Opposition des Moralischen und des Technischen: Polen, zwischen denen er je nach dem Maler, den er betrachtet (Greuze oder Chardin), der Stimmung, in der er sich befindet, oder dem Zeitpunkt, der gerade verstreicht, hin und her schwankt; die sich aber bei ihm weder zusammenfinden noch ihr Mittelglied in Erscheinung treten lassen.

XIII

Kant hat dem Begriff eines Mittelgliedes seine endgültige Gestalt verliehen, in dem sich das ästhetische Urteil verkörpert, das subjektiv ist wie das Geschmacksurteil, aber, wie das Erkenntnisurteil, Anspruch auf universelle Gültigkeit erhebt. Die Entdeckung der Fraktale enthüllt, wie mir scheint, einen anderen Aspekt dieses Mittelgliedes, der nicht nur das ästhetische Urteil betrifft, sondern die Gegenstände selbst, an denen dieses Urteil die Qualität eines Kunstwerkes erkennt.

Sofern man sich nur darin übt, sie ausfindig zu machen, sind es manche in der Natur außerordentlich verbreitete Objekte, eben die Fraktale, die sehr häufig bei uns eine ästhetische Empfindung wecken. Sind diese Objekte nicht »Mittelglieder«, und das in doppeltem Sinne? Ihre Realität liegt in der Mitte zwischen Linie und Fläche, und die Algorithmen, die sie erzeugen – iterierte Anwendung einer Funktion auf ihre sukzessiven Ergebnisse –, erfordern überdies eine Filterung, die manche durch die Berechnung erhaltenen Werte unterscheidet oder eliminiert (je nachdem, ob sie ebenenfüllend sind oder nicht, mit geradzahligen oder ungeradzahligen Konstruktionsstufen operieren oder links oder rechts der »Wasserscheide« fallen; oder auch nach anderen Kriterien).

Die graphischen oder akustischen Darstellungen dieser Berechnungen beweisen, daß die Fraktale, beispielsweise auf die Malerei bezogen, die mannigfaltigsten Formen dessen illustrieren, was ich, grob vereinfacht, die dekorative Kunst nennen möchte. Je nach der Rechenart, den gewählten Ausgangswerten oder der Benutzung komplexer oder realer Zahlen hat man sogar den Eindruck, unterschiedliche und bezeugte Stile wiedererkennen zu können: orientalische Dekors, Jugendstil, Kunst der Kelten und ihrer irischen Ausläufer (es ist eindrucksvoll zu sehen, daß die keltischen Zierate ihrerseits das Produkt einer Filterung sind; der Künstler zieht mit dem Zirkel zahlreiche sich überschneidende Kreise; von den auf diese Weise gebildeten Kreisbögen wählt er manche aus und verwirft andere). Bei bestimmten Rechenergebnissen zögert man, eine genaue Ähnlichkeit anzugeben. Gleichwohl muß man zugeben, daß sie Stilen entsprechen, die existiert haben oder doch existieren könnten.

Fraktale kann man auch vertonen. Ihre Darstellung in Form von Intervallen und Zeitwerten bietet die Merkmale einer ebenfalls dekorativen Musik, von der man nichts mehr erwartet als ein vom Ohr halbwegs gut toleriertes Klangbild.

Eine gewisse Pikanterie verleiht diesen Resultaten der Umstand, daß es einem großen Maler, der auch leidenschaftlicher Musikliebhaber war, zufiel, das Wesen und die Realität der Fraktale wahrgenommen und sie in einer modernen Sprache zum Ausdruck gebracht zu haben (die ebenso wie ihre mathematische Theorie 1975 von Benoît Mandelbrot entdeckt wurden), und zwar ausgehend von Gegebenheiten der sinnlichen Erfahrung. In seinem Tagebuch vermerkt Delacroix unter dem Datum des 5. August 1854 Beobachtungen (als Nachschrift, wie er sagt, zu einer Notiz aus einem Zeichenheft, die am 16. September 1849 im Wald verfaßt wurde), die ich hier zitiere:

»Die Natur verfährt mit sich selbst einzigartig konsequent: ich habe in Trouville Felsfragmente am Meeresufer gezeichnet, deren sämtliche Unebenheiten so proportioniert waren, daß sie auf dem Papier den Eindruck einer gewaltigen Steilküste vermittelten; es fehlte nur ein Gegenstand, der geeignet gewesen wäre, den genauen Größenmaßstab zu verkörpern. In diesem Augenblick schreibe ich neben einem großen Ameisenhaufen, der, zu Füßen eines Baumes, zur Hälfte von kleinen Bodenunebenheiten und zur anderen Hälfte von den geduldigen Mühen der

Ameisen gebildet wird; da sind Böschungen, da sind Teile, die überhängen und kleine Engpässe bilden, in denen die Bewohner in geschäftigem Treiben kommen und gehen wie das kleine Volk eines kleinen Landes, das die Einbildungskraft in einem einzigen Augenblick vergrößern kann. Und was da nur ein kleiner Maulwurfshügel ist, sehe ich nach Belieben als ungeheure Weite, von steilen Felsen, von abschüssigen Hängen durchschnitten – dank der verminderten Größe seiner Bewohner. Ein Stück Steinkohle oder ein Flint- oder irgendein anderer Steinbrocken kann in verkleinertem Verhältnis die Formen gewaltiger Felsen darstellen.

Ich bemerke in Dieppe dasselbe an den Felsen in Höhe des Wasserspiegels, die das Meer bei jeder Flut bedeckt; dort sah ich Buchten, Täler, die mit ihren Windungen eine ganze Landschaft zerklüfteten, die alle die Unebenheiten aufwies, die wir auch in unserem Umkreis bemerken. Dasselbe gilt von den Meereswellen, die ihrerseits in kleinere Wellen aufgesplittert sind, die sich weiter unterteilen und individuell dieselben Lichtunregelmäßigkeiten und dieselbe Zeichnung bieten. Die großen Wogen mancher Meere, beispielsweise am Kap, von denen man sagt, daß sie manchmal eine halbe Meile breit sind, sind aus dieser Vielzahl von Wellen zusammengesetzt, die in der Mehrheit ebenso klein sind wie diejenigen, die wir in unserem Gartenbecken sehen.

Ich habe häufig bemerkt, wenn ich Bäume zeichnete, daß dieser oder jener gesonderte Ast für sich wiederum ein kleiner Baum ist: um ihn so zu sehen, würde es genügen, wenn die Blätter proportionsgleich wären.«

Der Text setzt nicht nur durch die von ihm gewählten Beispiele – Meeresküste, Baum – in Erstaunen, die die Theorie der Fraktale dann zu ihren klassischen Exempeln macht. Delacroix spricht mit vollkommener Klarheit das Unterscheidungsmerkmal der fraktalen Objekte aus, das bekanntlich darin liegt, daß sie auf allen Skalenstufen eine invariante Struktur haben; eine invariante Struktur, wie man darüber hinaus sagen würde, die so beschaffen ist, daß ein Teil davon, wie klein oder groß man ihn auch wählt, dieselbe Topologie hat wie das Ganze. Um sich an ein Beispiel zu halten: Der Fraktalcharakter einer musikalischen Komposition erwächst daraus, daß die Beziehung zwischen einer kleinen Zahl verwandter Töne sich unverändert wiederfindet, wenn man – im selben Werk – diese Fragmente mit ausgedehnteren Abschnitten vergleicht.

Dieser Konstruktionstyp läßt sich auch im Werk großer Meister beobachten. Balzac sagte bereits, daß *»bei Beethoven die Effekte sozusagen im voraus verteilt sind* [...]; *die Orchesterpartien der Symphonien Beethovens befolgen die im allgemeinen Interesse erteilten Anweisungen und werden bewundernswert gut entworfenen Plänen untergeordnet«*. Ein zeitgenössischer Musikwissenschaftler, Charles Rosen, erklärt das in Begriffen, die beinahe die Sprache der Theorie der Fraktale entlehnen: *»Die weitausgreifenden Modulationen Beethovens bestehen aus demselben Material wie die kleinteiligsten Details und werden auf eine Weise zur Geltung gebracht, daß die Verwandtschaft sich dem Gehör unvermittelt aufdrängt* [...]; *man hat das Gefühl, die Struktur zu hören.«* Und er kommt an späterer Stelle auf *»die Erweiterung der Struktur in großem Maßstab«* zurück.

Ich habe gleichwohl angemerkt: Die Macht der fraktalen Algorithmen erlaubt ihnen, in der Malerei wie in der Musik nur diese minderen Genres zu erzeugen, die ich dekorativ genannt habe, selbst wenn sie, wenigstens in der Malerei, häufig alles an Raffinesse und Komplexität übersteigen, was die Dekorateure tatsächlich erfunden haben. Dennoch trennt eine Kluft diese verführerischen Objekte von einem authentischen Bild oder einem echten Musikwerk. Die Distanz ist *de facto* unüberschreitbar. Könnte man sich vorstellen, daß sie es auch *de jure* ist? Man bemerkt dann, daß die zur Erzeugung der Fraktale erforderliche Filterung eine Analogie zu derjenigen bietet, die etappenweise auch die Sinnesorgane und Nervenzentren bewirken, die dem Gehirn von den an der Peripherie registrierten Sinneseindrücken nur einige wenige übermitteln.

Wenn das Gehirn aus diesen primären Gegebenheiten invariante Merkmale extrahierte (die durch die Erfahrung, die individuelle Geschichte moduliert werden usw.), könnte man über die

Genese des Kunstwerkes mit sich zu Rate gehen. Ergäbe sie sich dann nicht aus einer Gegenleistung des zerebralen Schemas, das, auf das Werk projiziert, die Verschmelzung des Sinneseindrucks und eines Gegenstandes des Denkens vollzöge?

Worte und Musik

XIV

Bereits vor sechzig Jahren hat Roman Jakobson hervorgehoben: *»Im linguistischen Sinne liegt die Besonderheit der Musik im Verhältnis zur Poesie darin, daß der Gesamtkomplex ihrer Konventionen* (langue, *der Terminologie von de Saussure zufolge) sich auf das phonologische System beschränkt und keine etymologische Aufteilung der Phoneme umfaßt, also kein Vokabular.«*

Die Musik hat keine Worte. Zwischen den Tönen, die man auch Soneme nennen kann (weil diese Töne ja, wie die Phoneme, in sich selbst keinerlei Sinn haben; der Sinn resultiert aus ihrer Kombination), und dem Satz (auf welche Weise man ihn auch definiert) gibt es nichts. Die Musik schließt das Wörterbuch aus.

Rousseau scheint manchmal das Gegenteil anzunehmen: *»Ein Lexikon ausgewählter Wörter ist keine Rede, sowenig eine Sammlung guter Akkorde ein Musikstück ist.«* Die Akkorde aber, selbst die »guten«, sind nicht mit Worten vergleichbar. Besser als jeder andere weiß Rousseau, daß man in dieser Hinsicht Töne und Akkorde nicht unterscheiden kann. Jeder Ton ist von sich aus ein Akkord, denn *»er trägt alle harmonischen Begleittöne in sich«* – ein Argument, das Rousseau heimtückisch gegen Rameau wendet: *»Die Harmonie ist überflüssig, weil sie ja bereits in der Melodie steckt. Man fügt sie nicht hinzu, man verdoppelt sie.«* Batteux hatte das bereits mit weitaus mehr Nachdruck gesagt: *»Ein einziger Freudenschrei enthält, sogar in der Natur, den Grundstock seiner Harmonie und seiner Akkorde.«*

Die Akustik des 19. Jahrhunderts bestätigt das: *»Das physiologische Phänomen, welches unter diesem ästhetischen Principe zur Wirksamkeit kam, ist, daß musikalische Klänge an sich schon Accorde von Partialtönen sind, und daher umgekehrt Accorde unter gewissen Umständen auch Klänge vertreten können.«* Wenn sich die Akkorde und Klänge also einander annähern, und zwar so, daß sie manchmal und vielleicht immer ineinander übergehen, existiert zwischen ihnen und der musikalischen Phrase doch nichts, was jener Ebene vermittelnder Organisation entspräche, die in der artikulierten Sprache von den Wörtern gebildet wird.

Läßt sich das bei anderen Musikformen als der unsrigen bestreiten, traditionellen oder exotischen, wo, wie in der japanischen Musik, die Ausgangselemente nicht Töne sind, sondern rhythmische und melodische Zellen, *»minimale, allen Komponisten und Interpreten gemeinsame Einheiten«*? Selbst in diesem Falle findet man nichts, das dem Bereich der Wörter entspräche. Diese Einheiten sind nämlich »Miniphrasen«, vergleichbar den Formeln, wie sie die Barden und andere Volkssänger benutzen und die die Spezialisten als Wortgruppen definieren, *»die regelmäßig unter denselben metrischen Bedingungen benutzt werden, um eine vorgegebene und wesentliche Idee zum Ausdruck zu bringen«*; aus dem Bereich der Phrase also, selbst wenn diese Phrasen stereotypiert sind.

Die Menschen sprechen oder haben Tausende füreinander wechselseitig unverständliche Sprachen gesprochen, die sich jedoch ineinander übersetzen lassen, weil sie sämtlich ein Vokabular besitzen, das sich auf eine allgemeine (wenn auch von jeder einzelnen unterschiedlich zugeschnittene) Erfahrung zurückführen läßt. Das ist in der Musik unmöglich, wo die Absenz von Worten dafür verantwortlich ist, daß es ebenso viele Sprachen wie Komponisten und im Grenzfall vielleicht sogar Werke gibt. Diese Sprachen sind nicht ineinander übersetzbar. Obwohl man es noch nicht oder nur sehr zaghaft versucht hat, könnte man sich vorstellen, daß sie zumindest transformierbar sind.

Im Laufe einer Unterhaltung mit Wagner soll Rossini, dem Zeugen zufolge, der darüber berichtet, gesagt haben: *»Wer ver-*

möchte denn in einem entfesselten Orchester den deskriptiven Unterschied zwischen einem Sturm, einem Aufruhr, einer Feuersbrunst festzulegen?... Immer nur die Konvention!« Man wird einräumen, daß ein unvorgebildeter Hörer nicht zu sagen wüßte, ob es sich bei dem Stück von Debussy oder der Ouvertüre zum *Fliegenden Holländer* um »Meer« handelt: es war ein Titel nötig. Sobald aber dieser Titel bekannt und vertraut ist, sieht man es deutlich, wenn man *La Mer* von Debussy, und riecht man es, wenn man den *Fliegenden Holländer* hört.

Rossinis Antwort auf das Problem der Nachahmung reicht nicht aus. Weiterzuführen scheint die Reflexion von nahezu vergessenen Denkern des 18. Jahrhunderts. Michel-Paul-Guy de Chabanon (1730–1792), Geiger und Komponist und gleichzeitig Philosoph, bestätigt in voller Übereinstimmung mit dem Abbé André Morellet (1727–1819), daß die Musik nicht die von unseren Sinnen wahrgenommenen Effekte nachahmt und strenggenommen auch nicht unsere Gefühle zum Ausdruck bringt. Einzig und allein auf die Melodie reduziert, vermöchte die Musik Zorn oder Wut nicht wiederzugeben; in der Szene »Achills Zorn« erstickt Gluck die Singstimme unter sechzig Instrumenten: *»Der Zorn ist ein Gefühl, das nicht singt.«* Dennoch hat das Problem der Nachahmung Morellet beunruhigt. Er willigt ein, ihr einen Platz einzuräumen, vorausgesetzt, sie ist unvollkommen; auf paradoxe Weise rührt ebendaher ihr Vorteil vor der Natur (der in Musik übertragene Gesang der Nachtigall gefällt mehr als seine Reproduktion mit mechanischen Mitteln). Chabanon wundert sich: *»Warum müssen Poesie, Malerei und Bildhauerei treue Bilder geben und die Musik ungetreue? Wenn aber die Musik keine Nachahmung der Natur ist, was ist sie dann?«* Falsche Frage: Wie Sehvermögen und Geruchssinn fallen auch dem Ohr unvermittelte Genüsse zu, und deshalb gefällt die Musik unabhängig von jeder Nachahmung.

Gleichwohl kommt es vor, daß die Musik dem Hörer einen Sinn bietet. Ein Phänomen, das Chabanon, wiederum in Übereinstimmung mit Morellet, aus der Analogie zwischen diesen oder jenen unserer Gefühle und den von der Musik bewirkten Eindrücken erklärt. Auf unsere Sinne – und auf unsere Sinne allein – wirkt die Musik direkt ein (sogar im vokalen Gesang liegt *»ein Reiz, der dem des Ausdrucks vorausgeht«*). Aber in die Wonnen der Sinne mischt sich der Geist ein: in Tönen ohne bestimmte Bedeutung *»sucht er Beziehungen, Analogien zu verschiedenen Gegenständen, mit verschiedenen Auswirkungen auf die Natur;* [...] *die geringfügigsten Analogien, die schwächsten Beziehungen genügen ihm«*. Schaut man sich die Stücke an, in denen *»die guten Meister«* dasselbe physische Objekt haben darstellen wollen, *»wird man finden, daß sie immer oder beinahe immer«*, wie Morellet geschrieben hatte, *»ein ähnliches Verfahren und etwas Gemeinsames haben, sei es in der Bewegung, sei es im Rhythmus, sei es bei den Intervallen, sei es in der Tonart«*. Chabanon fügt Beispiele an: schwaches oder ausgehaltenes Trillern mit zwei Tönen, um das Gemurmel eines Rinnsals wiederzugeben; Rakete von aufwärts- oder abwärtsfahrenden Tönen zum Ausdruck des Blitzes; das Wehen des Windes oder Grollen des Donners; zahlreiche *unisono*-Bässe, die die Melodie rollen und wogen lassen, für das Meer usw.

Man müßte diese Analysen unbedingt weitertreiben, um in bekannten Werken, deren Autoren sich dieses oder jenes Natur- oder Lebensphänomen zu vergegenwärtigen vorgenommen haben, gemeinsame Strukturen herauszuarbeiten. Wie Morellet und Chabanon zweifle ich nicht, daß man auf Invarianten stoßen würde.

(Im zweiten Akt des *Rosenkavaliers* und in den letzten Takten von *Pelléas et Mélisande* nimmt der Hörer eine Analogie zwischen Motiven wahr, die aus langsam gemilderten Dissonanzen gebildet sind. Was also bieten Arkels verzweifeltes Nachsinnen über das Wesen des Menschen nach dem Tod Mélisandes und die Liebe auf den ersten Blick, die Oktavian und Sophie bei ihrer ersten Begegnung füreinander entflammt, an Gemeinsamkeiten? Ihre Liebe erwächst aus und unter Umständen, die keinerlei Hoffnung lassen. Daher rührt, im einen wie im anderen Falle, der Ausdruck einer schmerzlichen Melancholie, die sich in *Herzstichen* manifestiert: ein Ausdruck, in dem ich den gemeinsamen

Nenner zweier Situationen sehe und der nahezu physisch die Musik darstellt.)

In einem zusätzlichen Schritt schlägt Chabanon – der sich für Spinnen interessierte und ihnen Arien auf der Geige vorspielte, um herauszufinden, für welche Art von Musik sie empfänglich waren – ein sehr starkes Bild vor, das dem Begriff der Entsprechung seine ganze Weite mitteilt. Der Philosophie der Kunst, sagt er, wird es als höchste Aufgabe zufallen, jeden Sinn für sich genommen über das ins Bild zu setzen, was ihm die anderen Sinne als Erfahrung anbieten: *»Auf diese Weise korrespondiert die Spinne im Mittelpunkt ihres Netzes mit allen ihren Fäden, lebt gewissermaßen in jedem davon und könnte (wenn sie belebt wären wie unsere Sinne) dem einen die Wahrnehmung weitervermitteln, die die anderen ihr zukommen ließen.«* (Die Spinne war gerade in Mode: Man begegnet demselben Bild der Fäden des Netzes als Verlängerung des Bewußtseins in Diderots *D'Alemberts Traum*, der 1769 geschrieben, aber erst 1831, das heißt lange nach Chabanons Tod, veröffentlicht wurde.)

Diese baudelaireschen Entsprechungen fallen zunächst nicht in den Bereich der Sensibilität. Ihre Auswirkung auf die Sinne hängt von einer intellektuellen Operation ab (wie sie von Diderot in seiner Theorie der Hieroglyphen verkannt wurde): *»Nicht für das Ohr im eigentlichen Sinne schildert man in der Musik, was die Augen beeindruckt: sondern für den Geist, der, zwischen diese beiden Sinnesorgane gestellt, ihre Sensationen vergleicht und kombiniert«* und die invarianten Beziehungen zwischen ihnen erfaßt. Diese Beziehungen haben es nicht nötig, daß ein Inhalt für sie gesucht wird, es sind Formen: *»Eine diatonische Folge von absteigenden Tönen schildert den Sturz der Gischt* [sic] *nicht besser als den jedes anderen Dinges.«* Will ein Musiker das Heraufdämmern des Tages andeuten, malt er *»nicht den Tag und die Nacht, sondern lediglich einen Konstrast, irgendeinen Kontrast: der erstbeste, den man sich vorstellen kann, wird sich durch dieselbe Musik ebensogut ausgedrückt sehen wie der von Licht und Schatten«*. Die Ausdrücke haben nicht an sich Gültigkeit; was zählt, sind allein die Beziehungen.

XV

Eine doppelte Paradoxie: Mitten im 18. Jahrhundert werden in Frankreich die Prinzipien zur Sprache gebracht, auf die de Saussure später seine strukturale Linguistik gründen wird, aber im Zusammenhang mit der Musik und von einem Autor, der sich davon eine Vorstellung analog derjenigen macht, die wir heute der Phonologie verdanken; und das, obwohl er die Sprache und die Musik für einander völlig fremde Ausdrucksweisen hält.

Die Musik besteht aus Tönen. Aber *»ein musikalischer Ton hat keinerlei Bedeutung an sich.* [...] *Jeder Ton ist nahezu nichtig, er hat weder Sinn noch besondere Eigenart«*; und eben dadurch unterscheiden sich die Töne von den Elementen der Rede, die, in den Wörtern, den Silben, ja sogar den Buchstaben, als lang, kurz, liquide usw. charakterisiert werden können, während *»das C und das D der Tonleiter keinerlei Unterscheidungsmerkmale haben«*. Das musikalische Vergnügen hängt bei jedem *»seinem Wesen nach nichtigen«* Ton von den Tönen, die ihm vorhergehen, und denen ab, die ihm folgen.

Wie man sieht, hat die musikalische Doktrin Chabanons einen großen Vorsprung vor seiner linguistischen, die die phonetische Ebene nicht überschreitet. Moderne linguistische Lehren nehmen so anhand von Reflexionen über die Musik Gestalt an, nicht über die Sprache. In diesem Sinne kann man sagen, daß in der Geistes- bzw. Ideengeschichte die Phonologie von einer »Sonologie« vorweggenommen und präfiguriert wird.

Diese Verschiebung ist nicht ohne Beziehung zu derjenigen, die in der Musik aus dem Fehlen einer dem Vokabular entsprechenden Artikulationsebene erwächst. Chabanon ist sich dessen deutlich bewußt. Wenn es richtig ist, daß die Musik eine Sprache ist, *»hat diese Sprache ihre Elementarbausteine, die Töne; sie hat ihre Sätze, die beginnen, unterbrochen werden und schließen«*; zwischen den Tönen und den Sätzen aber ist nichts. Die Natur hätte es so einrichten können, daß die Musik unseren Bedürfnissen dient wie die artikulierte Sprache: *»Damit der Gesang Ideen zum Ausdruck brachte und vermittelte, hätte die Übereinkunft sie damit verbinden müssen: nichts war leichter.«* Ein Akkord aus zwei Tönen im Terzabstand hätte »Brot« bedeutet. Aber die Musik kennt kein Wörterbuch. Und daraus erwächst eine Konsequenz: Wenn die gesprochene Sprache dieselbe Idee durch Umstellung der Wortfolge oder mit anderen Worten zum Ausdruck bringen kann, ist das in der Musik eben gerade unmöglich. *»Die Redewendungen und die Wörter sind nur die konventionellen Zeichen der Dinge: diese Wörter, diese Redewendungen, die Synonyme, die Äquivalente haben, lassen sich durch sie ersetzen.«* In der Musik dagegen *»sind die Töne nicht der Ausdruck der Sache, sie sind die Sache selbst«*.

Die Modernität Chabanons tritt auch zutage, wenn man seine Ideen mit denen zweier großer Theoretiker seiner Zeit vergleicht, Rousseau und Rameau. Als Widerpart Rousseaus weigert er sich, den Ursprung der Musik mit dem der artikulierten Sprache zu verbinden. Die Willkürlichkeit des linguistischen Zeichens beweist, daß die Sprachen sich nicht aus der Nachahmung von Gegenständen und Naturwirkungen herleiten lassen; sie sind nicht ursprünglich. Ihr Ursprung wirft also ein Problem auf im Unterschied zum Gesang, der ihnen vorausgeht und nicht von ihnen abhängt: *»Die Instrumentalmusik ist der Vokalmusik zwangsläufig vorausgegangen; denn wenn die Stimme ohne Worte singt, ist sie nicht mehr als ein Instrument.«* Wenn man die Merkmale des Gesangs mit denen der Sprache zu verknüpfen behauptet, hebt man einen Graben zwischen dem Vokalen und dem Instrumentalen aus. Nun gibt es aber kein wirklich schönes Instrumentalstück, das man nicht auch für Singstimme arrangieren könnte, indem man Worte hinzufügt: »*Wenn es eine lautstarke Symphonie ist, machen wir daraus einen Chor oder wir tanzen dazu.*« Und damit sind bereits Beethovens *Neunte* und Isadora Duncan antizipiert.

Im 18. Jahrhundert bedurfte es beträchtlicher Kühnheit zu behaupten, daß man schönen Gesang genießen könne, ohne die Worte zu verstehen, und daß er sogar durchaus ohne die Bühne auskommen könne. Von Worten begleitete Musik hat den einzigen Vorteil, daß sie der schwachen Intelligenz der Halbgebildeten und Ignoranten aufhilft: »*... da hingegen die bloße Instrumentalmusik sie über die Bedeutung dessen, was sie hören, in Ungewißheit läßt.* [...] *Je geübter das Ohr und je sensibler der musikalische Sinn ist, desto leichter kann man die Worte entbehren, selbst wenn gesungen wird.*« Und sogar auf der Bühne, ungeachtet des obigen Vorbehalts – »*Opernsymphoniker*« –, brauchte Rameau keine Worte, denn die Ideen des symphonischen Musikers werden von keinem Thema inspiriert und geleitet: »*Man weiß nicht, woher er sie nimmt* [...]; *ist das Motiv gefunden, ist auch die Notwendigkeit gegeben, fortzufahren* [...]. *Diese erste Idee wird zum Erzeuger mehrerer anderer.*« Das sind dieselben Reflexionen wie die, die mich bei *Castor et Pollux* auf die berühmte Modulation und auf die Begleitung der Arie von Télaïre (vgl. oben, S. 56) brachten.

In der Überzeugung, daß das Wort keinerlei Einfluß auf die Musik hat, wendet sich Chabanon gegen Rousseau, der der französischen Sprache alle Musikalität absprach und daraus auf die Überlegenheit der italienischen Musik schloß, der eine harmonische Sprache zu Hilfe komme. Er widerlegt diese These bei Rousseau selbst, aber auch in den Weiterungen, die sie bei einem Autor erfährt, von dem er lediglich das Patronym nennt, Sherlock (in Wirklichkeit Martin Sherlock in seinen *Nouvelles Lettres d'un voyageur anglais*, London und Paris, 1780, Brief XXVI, S. 162; seine Autorschaft ist nicht gesichert). Chabanon hält das Französische nicht nur für eine musikalische Sprache, vor allem dank der weichen Flüssigkeit seiner Aussprache, mit stummen Silben, aus denen die Opernkomponisten großen Nutzen ziehen, und den

Vorteilen einer Sprache, die nicht jeder Silbe ein genaues Längenmaß zuordnet. Vor allem weiß er zu schätzen, daß Musik im Hinblick auf die Sprache souverän ist: *»Die Musik, die die Sprachen nach Maßgabe ihrer Bedürfnisse entstellt, versteht sich darauf, jede beliebige Sprache musikalisch zu machen.«*

Mehr noch der Widerpart von Batteux als der von Rousseau, betrachtet Chabanon die Vorstellung als unhaltbar, man könne, aufgrund irgendeines Kriteriums (in erster Linie des Batteux so teuren »génie de la langue«), eine Hierarchie der Sprachen untereinander begründen. Auch in dieser Hinsicht zeigt sich Chabanon erstaunlich modern: *»Jedes Idiom stellt zwischen denen, die es korrekt sprechen, und denen, die es verstehen, einen gleich raschen, deutlichen und leichten Ideenverkehr her.* [...] *Jedes richtige Denken ist in allen Idiomen beheimatet, alle haben die eindeutigen Mittel, es auszusprechen.«* Dasselbe gilt für ihre Musikalität: *»Es gibt niemanden, der* [...] *der Harmonie der Rede konstante und allgemeine Prinzipien zuweisen könnte. Jede Sprache hat ihre eigenen.«* Und daher rühren *»Unregelmäßigkeiten des Geschmacks, des Urteils, die man, wie mir scheint, nur mit Hilfe von auf dieses oder jenes andere Idiom gestützten Konventionen erklären kann: diese Konventionen bilden allesamt Vorurteile, diese Vorurteile üben Einfluß auf unsere Sinnesempfindungen aus und modifizieren sie ohne unser Zutun. Das voreingenommene Urteil täuscht unsere Sinne.«*

Rameau gegenüber hat Chabanon gemischte Gefühle. Sie scheinen auf gutem Fuße miteinander gestanden zu haben, aber wenn Chabanon seinen Nekrolog auf Rameau schrieb, dann mit ebenden Vorbehalten, die sich im Artikel »Sur la musique de l'Opéra de *Castor*« und in seinen Büchern wiederfinden. In Wirklichkeit wahrt er zu Rameau wie zu Rousseau Distanz. Zu diesem letzteren, weil Chabanon der Instrumentalmusik den Vorzug vor der Vokalmusik gibt. Und zu Rameau, weil er die Überlegenheit und den Primat der Melodie vor der Harmonie behauptet: Akkorde ohne Gesang bedeuten dem Ohr wenig; der Gesang ohne Akkorde kann es allerdings zufriedenstellen. Jede Komposition, die man genießt, sogar die instrumentale, hat an der Melodie teil, man täte also unrecht, die eine der anderen entgegenzusetzen. Rousseau verwarf *»Schönheiten aus Konvention , die nahezu kein anderes Verdienst hätten als das der besiegten Schwierigkeit: anstelle guter Musik stellten sie* [seine Gegner] *sich Kunstmusik vor* [...] *Fugen, Imitationen, Doppelthemen.«* Worauf Chabanon, dem Lager Rameaus beitretend, erwidert: *»Was versteht man denn gemeinhin unter diesen Worten, die in aller Munde sind: Kunstmusik?* [...] *Man verdammt eine Musik, die man nicht liebt (oder nicht lieben will), und gleichsam um den Komponisten zu trösten* [...], *läßt man ihm die traurige Entschädigung einer Lobrede, die nichts bedeutet.«*

Dank Rameau, so erkennt Chabanon an, hat die Musik einen gewaltigen Schritt vorwärts getan; nach ihm aber nahm diese Kunst eine neue Wende. Das *»Rinnsal«* der Musik von Lully teilt sich in zwei Arme; der eine, *»tief, weit, breit«*, ist Rameau (Rousseau wünschte sich dagegen, man solle die Musik an den Punkt zurück- oder wieder hinaufführen, auf den Lully sie gebracht hatte); der andere, *»von fremden Gewässern verbreitert, ist die Musik, die wir fortan haben werden«.* Ein prophetisches Urteil – zehn Jahre vor Glucks Ankunft in Paris.

Aber was Chabanon an Rameau bewundert, hat kaum eine Beziehung zu den von letzterem geäußerten Bestrebungen. Rameau war groß vor allem durch seine melodische Phantasie: *»Was an ihm den Mann von Genie ausmachte, war der völlig neue Charakter seiner Gesangswerke, war ihre wunderbare Vielgestaltigkeit. Rameau war Schöpfer von Melodie. In der Harmonie hatte er keine andere Triebfeder – und konnte kaum eine andere haben – als die eines tiefen Theoretikers.«* Allerdings darf man dieser Rolle nicht allzuviel Bedeutung beimessen. Die harmonischen Schönheiten sind *»beschränkt, abgenützt und wiederholt«*; sie reduzieren sich zumeist auf *»lebhaft und allgemein empfundene Effekte von Musik«.* Vor allem kennt die Harmonie keine festen und endgültigen Gesetze. Sogar Rameau, der das geglaubt und sie sogar entdeckt zu haben behauptet hat, fügte alsbald hinzu, daß *»die Ausnahmen beinahe ebenso häufig* [sind] *wie die Regel«.*

Denn, fährt Chabanon fort, die Kunst geht nie von einer theoretischen Reflexion aus; sie hat den Vortritt vor ihr und gibt ihr ihren Stoff: »*Eine glückliche Kühnheit, vom Künstler erprobt, der auf gut Glück schafft, wird zu einer neuen Klarheit für den Theoretiker, der nachdenkt.*« Soviel im *Éloge de M. Rameau* ... Und in *De la Musique* ... beharrt Chabanon darauf: Der Schöpfer hat kein Bewußtsein von den Gesetzen, die er entdeckt; auch »*der philosophische Geist, auf die schönen Künste angewendet, kann nur eine nachgeordnete Rolle spielen*«. Die Künste haben ihre Logik, aber »*diese Logik unterscheidet sich so sehr von der eines ruhigen und gelassenen Geistes, daß letztere nur dazu dienen kann, die andere ahnen zu lassen*«.

Ist die Harmonie erst einmal von dem Piedestal heruntergestürzt, auf das Rameau sie gestellt hatte, bekommt man die Beziehungen deutlicher in den Blick, die sie zur Melodie unterhält. Die eine ist eine Funktion der anderen: »*Jeder Gesang schließt eine harmonische Baßlinie ein. Jede Akkordfolge begründet tausend Gesangsharmonien.*« Diese Regel gilt ohne Ausnahme, sogar bei den Wilden Afrikas und Amerikas, deren Gesang »*harmonische Partien, die seine Erfinder nicht einmal geargwöhnt haben*«, in sich birgt. Worin unterscheiden sich also Melodie und Harmonie? Man definiert Melodie als sukzessive Folge von Tönen, die nur eine einzige Anordnung zulassen; und man sieht in der Harmonie den Speicher und das Repertoire von Tönen, die die Melodie benutzen kann: »*Das ist die Mine, aus der die Melodie die Töne schürft, deren Bearbeitung ihr vorbehalten bleibt.*« Die Unterscheidung entspricht jener, die die modernen Linguisten zwischen syntagmatischer Kette und paradigmatischem Komplex treffen. Wenn Chabanon, sich kurz fassend, schreibt: »Aufeinanderfolge, *das ist die Melodie*; Gleichzeitigkeit, *das ist die Harmonie*«, antizipiert er die für die Analyse der Sprache grundlegende Beziehung und formuliert sie in ebenden Begriffen, die de Saussure zwischen »*Achse der Sukzessivitäten*« und »*Achse der Gleichzeitigkeiten*« herstellt.

XVI

Beim Nachdenken über die Musik entdeckt Chabanon Merkmale, die mit denen identisch sind, die die strukturale Linguistik später der Sprache zuschreiben wird. Zwischen den beiden Bereichen sieht Chabanon gleichwohl keine Analogie. Wenn er in seinem großen Werk von der Musik zu den Sprachen übergeht, kündigt er an, er werde sich nicht allein auf das beschränken, was sie an Gemeinsamkeiten mit der Musik haben können. Das ist das mindeste, was man sagen kann, denn er schickt sich gleich darauf an, die Differenzen hervorzuheben, deren wichtigste darin liegt, daß *»der Gesang nur Intervalle zuläßt, die für das Ohr faßlich und durch Zahlen richtig zu bestimmen sind; die Intervalle der Rede lassen sich nicht abschätzen noch berechnen«.*

Es wird der strukturalen Linguistik zufallen, dieses Hindernis aus dem Wege zu räumen, indem sie zeigt, daß von einem formalen Standpunkt aus eine Analogie zwischen dem aus unterschiedlichen Elementen zusammengesetzten Phonem und dem musikalischen Akkord besteht. Überdies scheint Chabanon undeutlich wahrzunehmen, daß auch die Sprache eine Struktur besitzt: *»Wenn die Vorliebe, wenn das Gefühl für die Analogie (das nur das für die Nachahmung ist) nicht ein Teil unseres Instinktes wäre, wären die Sprachen allesamt nichts weiter als ein wirrer Haufen von ohne Ordnung, ohne Prinzipien und ohne Beziehungen gebrauchten Wörtern und Formeln: um eine Sprache zu beherrschen, reichte auch das umfassendste Gedächtnis kaum aus.«*

Das gelingt ihm, weil es in der Struktur der Sprache invariante Beziehungen erfaßt – eine Idee, zu der Diderot, als er das Problem der Einheit der Zeit in der Malerei zu lösen versuchte, ebenfalls gelangt war, auch er allerdings auf verschwommene Weise (vgl. oben, S. 71).

In Kapitel III des zweiten Teiles seines Buches, das den Titel *Considérations sur les langues* trägt (und in dem man, wenn auch in Opposition zu Rousseau, Chabanons eigenen *Essai sur l'origine des langues* sehen kann), verfährt Chabanon sich selbst gegenüber konsequent, indem er die Idee ablehnt, daß sich die Entwicklung der Sprachen aus äußeren Einflüssen und vor allem aus dem Klima erklärt. Nichts hat dieses Klima an Griechenland, nichts hat es an Rom geändert, deren *»Genie seine Gaben zu den Galliern, zu den Pikten und zu den Germanen getragen hat, die die Römer, durch das Wesen der Orte selbst, die sie bewohnten, zur Barbarei bestimmt glaubten«*. Weit gefehlt, daß die Geschmeidigkeit der Sprachorgane eine Auswirkung des Klimas sein kann: es ist das am wenigsten geschmeidige Organ, das, um sich allzu viel Anstrengung zu ersparen, nach der weichsten und leichtesten Artikulation suchen muß, etwa der Konversion von *r* zu *l*. Das günstige Klima, das die Marseiller genießen, verhindert nicht die Härte ihres gerollten *r*-Lautes. Das Russische ist eine der sanftesten europäischen Sprachen, trotz eines rauhen Klimas usw.

Das alles ist eine regelrechte Widerlegung Rousseaus und, allgemeiner noch, des Naturalismus, jenes Geburtsfehlers des philosophischen Denkens des 18. Jahrhunderts. Chabanon machte sich von der artikulierten Sprache und den Problemen, die sie aufwirft, eine sehr viel zutreffendere Vorstellung als seine Zeitgenossen, an der Spitze Rousseau. Da alle Sprachen dieselben Fähigkeiten haben, kann man keiner ein besonderes »Genie« [*i.e.* »Geist«] zuschreiben (hier denkt Chabanon an Batteux). Die besondere Eigenart einer Sprache hängt mit den historischen Ursprüngen ihres Gebrauchs zusammen. Also sollen Menschen von Geist schreiben: *»Dann bietet das Denken alle seine Kräfte auf: Die Ideen, in Aktivität versetzt, promenieren durch alle Materia-*

lien der Sprache; sie durchwühlen den ganzen Speicher, um Wörter zu finden, die ihnen zusagen.« Oder sie verbinden sich gar kraft einer entfernteren Analogie mit anderen und geben ihnen einen neuen Wortsinn. Der menschliche Geist, der seine Werke verbessert, macht von der Sprache einen subtileren Gebrauch. Man kann daraus nicht schließen, daß die Sprache selbst sich verbessert hat. Keineswegs überzeugt, daß Malherbe und Guez de Balzac das *»wirkliche Genie unserer Sprache«* entdeckt haben, empfindet Chabanon nostalgische Sehnsucht nach der von Ronsard, Amyot und Montaigne. Was man bei Ronsard zu Recht kritisieren darf, sind seine künstlerischen Theorien, nicht seine Sprache. Man muß sich hüten, die Mängel und Verdienste der Werke den Sprachen aufzubürden, in denen sie geschrieben sind.

Wenn aber die Suche nach Harmonie in der Sprache ein intellektuelles Vorgehen voraussetzt, gilt in der Musik das Gegenteil: Man arbeitet zunächst für das Ohr; die Nachahmung, die den Geist zufriedenzustellen bestrebt ist, kommt danach. Chabanon sieht für diese Opposition sehr tiefe Wurzeln.

In seinen Augen bietet die Sprache zwei widersprüchliche Aspekte dar. Alle Menschen sind sprachbegabt, eine natürliche und allgemeine Fähigkeit, obwohl die Sprachen zwangsläufig auf Verabredung beruhen, sowohl aufgrund ihrer Verschiedenheit als auch aufgrund der Willkürlichkeit des sprachlichen Zeichens, das zu verschiedenen Familien gehörende Sprachen füreinander wechselseitig verständlich macht.

Aus der Tatsache dagegen, daß es in der Musik keine Worte gibt, folgt, daß sie, die nicht bedeutet, ganz und gar von der Sinnesempfindung abhängt. Die Musik ist eine universale Sprache, deren Prinzipien aus der menschlichen Verfaßtheit hervorgehen (und sogar aus der tierischen, fügt Chabanon hinzu, den seine Geigenversuche davon überzeugt haben, daß die Spinnen und *»manche kleine Fische, die in Glasgefäßen leben«*, dafür empfänglich sind). Da Musik auf richtigen und natürlichen Beziehungen zwischen den Tönen beruht, gibt es, ja kann es in der Musik nichts auf Vereinbarung Beruhendes geben. Mit geringfügigen Ausnahmen muß die Melodie überall den gleichen Grund, die gleiche Basis haben. Beweis: Man versteht nicht alle Sprachen, aber jedermann ist empfänglich für jede beliebige Musik; ein Europäer für die in Asien und sogar in Afrika und Amerika.

Mit Blick auf Amerika scheint Chabanon vor allem einen gewissen M. Marin als Gewährsmann benutzt zu haben, einen französischen Offizier, der, seiner eigenen Aussage nach, lange unter den Wilden gelebt hatte und Chabanon vorsang, was er von ihren Gesängen behalten hatte. Chabanon versuchte, diese Gesänge auf unterschiedliche Weisen auf der Geige nachzuahmen, bis Marin das, was er gehört hatte, wiedererkannte oder wiederzuerkennen glaubte. Auf ebendiese Weise hat Betsy Jolas vor vielen Jahren versucht, alle erdenklichen Aufführungsweisen für meine naiven Aufzeichnungsversuche der Musik der Nambikwara und Tupí-Kawahib am Klavier wiederzugeben. Ich behielt die zurück, die in meiner Erinnerung ein genaueres Echo wachriefen (diese Transkriptionen sollten in einem Sammelband publiziert werden; der Verleger des Bandes verlor sie in einem Taxi, ich bewahre sein Andenken mit wildem Groll). Jedenfalls vermag ich die Schwächen des Verfahrens zu ermessen (allerdings sang ich nicht wie Marin; ich hatte an Ort und Stelle Aufzeichnungen gemacht); aber Chabanon scheint keinerlei Zweifel in bezug auf seinen Informanten gehabt zu haben, der ihm, wie aus seinen Transkriptionen hervorgeht, von einem europäischen Ohr entstellte indianische Gesänge bot. Gewagter noch sagte Rousseau über die von ihm zitierten Transkriptionen exotischer Musiken, daß sie *»die einen zur Bewunderung der Qualität und Allgemeinheit unserer Regeln anhalten und bei anderen vielleicht Argwohn an der Intelligenz oder Treue derer wecken, die uns diese Gesänge überliefert haben«*.

Aber Chabanon macht keinen Unterschied (der dem bei den Sprachen eingeräumten doch immerhin parallel liefe) zwischen der Musik als natürlicher und universaler Sprache – alle Völker haben eine Musik – und den Musiken, die, im Gegensatz zu seiner eigenen Behauptung, untereinander ebensosehr differieren können wie die Sprachen. Für ihn wirken die Töne auf angenehme Weise auf die Sensibilität – wie die Farben oder die

Gerüche. Der Vergleich hält nicht stand, denn wenn es in der Natur auch Farben und Gerüche gibt, so gibt es doch keine musikalischen Töne: lediglich Geräusche. Die Kunst der Töne geht ganz und gar aus der Kultur hervor. (Sich selbst gegenüber konsequent, sieht Chabanon umgekehrt in der Musik eine Sprache, die dem Menschen so natürlich ist, *»daß man sie in dieser Beziehung nicht einmal eine Kunst nennen könnte«.*) Die Neigung, grundlose Behauptungen in Erfahrungsgegebenheiten zu verkehren, ist ein Laster des philosophischen Denkens des 18. Jahrhunderts. Chabanon gibt ihm nach, indem er verfügt, daß die Vögel nicht singen, um miteinander zu kommunizieren, sondern nur, um in der schönen Jahreszeit ihre Lust zum Ausdruck zu bringen.

Ich habe in *Das Rohe und das Gekochte* das Argument des Vogelgesanges diskutiert. Um den Rahmen des 18. Jahrhunderts nicht zu sprengen, möchte ich hier lediglich Marmontels Auffassung in seinem Artikel »Arts libéraux« der *Encyclopédie* vergegenwärtigen. Daß die Musik als Kunst der Vereinigung und Zusammensetzung der Töne zu einem System von Modulationen und Akkorden irgendeine Verwandtschaft mit dem Gesang der Vögel oder den Akzenten der menschlichen Stimme haben soll, scheint ihm eine lächerliche Vorstellung zu sein: *»Jeder der Sinne hat seine rein physischen Annehmlichkeiten wie der Geschmacks- und der Geruchssinn; vor allem das Ohr hat seine ganz eigenen; und es hat den Anschein, daß es um so sensibler reagiert, je seltener sie in der Natur sind. Auf tausend angenehme Sinneseindrücke, die uns der Gesichtssinn liefert, kommt vielleicht nur ein einziger, der uns auf dem Wege über das Gehör erreicht.* [...] *Alles im Universum scheint für die Augen geschaffen zu sein und nahezu nichts für die Ohren. Deshalb ist von allen Künsten diejenige, die den größten Vorteil hat, mit der Natur zu rivalisieren, die Kunst der Akkorde und des Gesanges.«*

Marmontel scheint hier Wort für Wort die Thesen Chabanons zu widerlegen. Sein Artikel erschien 1776 im ersten Band des *Supplément* zur *Encyclopédie*. Wenn er ihn nach 1772 geschrieben haben sollte, hätte er Chabanons Werk also nicht kennen können, nicht einmal in seiner ersten Fassung. Ich finde keine Erwähnung

Chabanons in den *Mémoires* von Marmontel. Dagegen taucht der Name von Morellet darin häufig auf, denn sie waren seit langem befreundet (Marmontel heiratete spät noch die blutjunge Nichte von Morellet; er und seine angeheiratete Familie lebten unter demselben Dach). Man ist also versucht, in diesem Artikel das Echo von Meinungsverschiedenheiten, sogar lebhaft diskutierten Meinungsverschiedenheiten wiederzuerkennen, auf die Marmontel in seinen *Mémoires* zu sprechen kommt und die, trotz gegenseitiger Wertschätzung und Zuneigung, ihn häufig in Gegensatz zu Morellet brachten.

XVII

Chabanon war ein zu gewitzter Geist, um nicht die Schwächen einer rein naturalistischen Konzeption der Musik zu spüren. Sein *Éloge de M. Rameau* mildert sie: Die Musik als Sprache der ganzen Welt differenziert sich in Dialekten aus. Wie weit können diese Differenzen gehen? In seinem großen Werk geht er mit sich über mögliche Korrelationen zwischen der Musik und dem zu Rate, was wir heute den Nationalcharakter nennen würden: *»Sich zu vergewissern, daß jede Nation von der Natur eine ihr eigene Gesangsart zum Geschenk erhalten hat* [...], *hieße der Geschichte des Menschen ein Kapitel oder wenigstens einen Paragraphen hinzufügen. Was wäre denn, wenn man, diese Entdeckung vervollständigend, durch offensichtliche Beziehungen jede Gesangsart mit den Sitten, dem Charakter jeder Nation, mit ihrer Sprache und der Art und Weise verbinden könnte, die ihr in allen Künsten eigen ist?«* Das heißt von einem Extrem ins andere fallen. Chabanon schwankt zwischen beiden hin und her, wie das ein anderer Abschnitt zeigt. Wenn der Neger und der Chinese, die von der körperlichen Schönheit eine andere, von der unseren verschiedene Vorstellung haben, nach Europa verpflanzt, sich uns anpassen, *»wird diese exotische Huldigung an die Schönheit beweisen, daß sie universell ist, es sei denn, daß die Neger und die Chinesen nichts anderes getan haben, als die Vorurteile zu wechseln«*. Der Kulturrelativismus lugt mit einem Zipfel hervor, sobald sich Zweifel an der Existenz allgemeiner Werte regt. Nicht damit zufrieden, diesen Relativismus auf die Musik auszudehnen (zumindest in Hypothesenform), geht Chabanon so weit sich vorzustellen, daß bei jedem Volk eine Analogiebeziehung zwischen seiner Musik, seiner Malerei, seiner Poesie und seiner Sprache existieren könnte. Bald aber drängen sich die selbstkritischen Einwände vor.

In jeder Gesellschaft entwickeln sich die Künste nämlich nicht auf dieselbe Weise. Im Jahrhundert Ludwigs XIV. standen Poesie, Malerei und Beredsamkeit in hellem Glanz, und die Musik trat nur mit Mühe aus der Dunkelheit hervor – eine Verspätung, die um so bemerkenswerter ist, als *»die Musik, die sich erst nach den anderen Künsten vervollkommnet, ihnen ursprünglich allen zuvorkommt«*. Einzig und allein eine ethnographische Untersuchung vermöchte hier alle Zweifel zu beheben, und derjenige, der diese ausnehmend schwierige Aufgabe meisterte, böte dem Auge des Philosophen ein neues und interessantes Bild; aber er müßte eine musikalische Weltreise hinter sich haben. Die Neger der Elfenbeinküste haben traurige und schleppende Gesänge; die aus Angola leichte und lebhafte; die amerikanischen Wilden ruhige und getragene. Die spanischen Tänze sind feierlich und majestätisch, der polnische Tanz hat einen deutlicher markierten Rhythmus und neigt mehr zu Kraft und Wildheit. Der englische Tanz ist durch eine rasche Bewegung charakterisiert; der deutsche ist hitzig und heftig; die französischen Tänze sind heiter, graziös, würdevoll. In Italien gibt es gar keine *(sic)*.

Nun behaupten die Reisenden aber, daß die Neger von der Elfenbeinküste und die aus Angola sich auch in bezug auf Temperament und Sitten unterscheiden: *»Daß sich solche Beispiele beliebig vermehren ließen? Mit der Musik hätte die Natur den Menschen also eine Sprache gegeben, die das Geheimnis ihres Charakters verrät.«* Gleichwohl kennt man Fälle, wo die Musik und die Verhaltensweisen Unstimmigkeiten zeigen: so die graziösen und ruhigen Gesänge, die die anthropophagen Feste der amerikanischen Indianer begleiten. Die Analogie zwischen der Musik und den Sitten bewahrheitet sich im Falle von Spanien, nicht aber von England … Bis zu welchem Punkt soll man ihr also Glauben schenken? Existiert die Analogie vielleicht eher zwischen manchen oberflächlichen als zwischen tiefliegenden Merkmalen?

Jedenfalls könnte sie in Europa, wo die schönen Künste, der Geschmack, der Geist und die Kenntnisse unter den Völkern zirkulieren, nicht existieren. Die Entdeckungen, die Prinzipien, die Methoden sind hier vom einen Ende des Kontinents zum anderen und wieder zurück geflutet. Dieser freie Handel und Wandel der Künste hat sie ihren *eingeborenen* (Hervorhebung von Chabanon) Charakter einbüßen lassen. Das gilt vor allem für die Musik, einige Aufführungsunterschiede einmal beiseite gelassen. Um behaupten zu können, daß letztere mit dem Nationalcharakter zusammenhängen, müßte man analoge Fälle in den anderen Künsten jeder Nation aufzufinden versuchen.

Diese Erwägungen stellen die für Chabanon grundlegende Unterscheidung zwischen Musik und artikulierter Sprache wieder in den Vordergrund, aber sie bieten völlig verschiedene Perspektiven im Verhältnis zu denen, die der Autor zu Beginn durchblicken lassen hatte. Die Beredsamkeit, die Poesie, das Theater, sagt er, haben eine unmittelbare und notwendige Beziehung zu den Sitten, zum Charakter, den Bräuchen und dem politischen Regime jeder Nation. Weil diese Künste *»Kinder des Geistes sind und die Rede in Bewegung setzen«*, stehen sie in enger Abhängigkeit von den historischen und lokalen Umständen. Die Musik, die weder Menschen noch Dinge schildert, ist in keiner ähnlichen Abhängigkeit: man hört dieselbe Musik in Rom, in London, in Madrid. Wie also dann die inneren Widersprüche erklären? Die Deutschen, *»herbe und prangende Melodiker, sind so sanfte, so ausgelassene und so sensible Dichter.* [...] *Der Italiener, der vor achtzig Jahren wie der Franzose sang – hatte er die Sitten unserer Nation?«*

Die Universalität der Musik, wie sie zu Beginn des Werkes ausgesprochen wurde, fand ihre Grundlage in einer allen Menschen und sogar den Tieren gemeinsamen Sensibilität. Im Rahmen des europäischen Maßstabes hängt sie eher mit einem Komplex historischer, kultureller und sozialer Bedingungen zusammen. Und sogar da kann man nicht behaupten, daß der von der Sinnesempfindung abgekoppelte musikalische Geschmack eine Harmonie zwischen den Geistern zu erkennen gibt, weil es ja, sogar in ein und demselben Volk, vorkommt, daß die Künste und das nationale Temperament miteinander in Widerstreit geraten: *»Ich fürchte«*, versichert Chabanon, *»daß auch die aufgeklärteste Philosophie Mühe hätte, solche Mysterien zu erhellen.«*

Da das nun einmal so ist, kann man einerseits schließen, daß *»der einer Nation vertrauteste Gesang kein sicheres Indiz für ihren Charakter und ihr Genie ist«*; und andererseits, daß *»zwischen den Künsten der Rede, deren oberster Richter der Geist, und der Kunst der Töne, für die das Tribunal der Ohren zuständig ist, ein so großer Unterschied besteht, daß ein dummes Volk ein Volk von guten Musikern sein und ein Volk mit tiefen Gedanken nur eine seichte Musik haben kann«*; dieser Abstand zwischen Musik und Rede ist nicht so unüberbrückbar, wie man glauben könnte, weil sich zwischen die beiden das Rezitativ, der Sprechgesang, schiebt.

Das Problem des Rezitativs hat Chabanon zu schaffen gemacht, und ein so tiefer Geist wie der seine konnte nicht umhin, seine philosophischen Implikationen zu bemerken. *»Eine Art amphibische Mißgeburt, halb Gesang, halb Deklamation«*, ist das Rezitativ die schwache Stelle der Oper, vor allem der französischen. Der Hauptfehler von Rameau war der, nicht mit diesem Hindernis fertiggeworden zu sein. Die Frage stellt sich nicht im Konzert, wo alles Musik ist, wohl aber auf dem Theater, das durch die Bedeutung der Situationen die Oberhand behält. Wie gelingt es der Musik, sie wiederzugeben? Man weiß es nicht. Auf diesem Feld ist die Theorie unsicher, sind Ratschläge schwer, ja beinahe unmöglich zu geben.

Man konstatiert lediglich, als eine Art Erfahrungstatsache, *»die geheime Übereinstimmung der Inflexionen der Rede mit den Gefühlen, die sie lenken«*. Diese Übereinstimmung wird nicht erklärt, sie bildet *»ein undurchdringliches Geheimnis von Metaphysik«*. Bei den verschiedenen Völkern sind die Intonationen nicht die gleichen und widersprechen sich manchmal sogar von einem Volk zum andern. Daher rühren die folgenden beiden Feststellungen, die in Gegensatz zueinander treten: *»Die Prinzipien der Intonation* [...] *sind keine rein natürliche Einrichtung. Man kann aber auch nicht sagen, daß sie auf Vereinbarung und Übereinkunft beruhen. Ihre Ursache ist ebenso unbekannt wie die verschiedener Akzente in verschiedenen Ländern.«*

Die Oper glaubt sich dank des Rezitativs aus der Verlegenheit zu ziehen, eines *»verderbten Gesanges* [...], *indem sie ihm seine rhythmische Präzision nimmt* [...], *ein Schritt in Richtung der einfachen Rede«*. Dennoch ließe ein Rezitativ, sogar ein gutgemachtes, dessen Worte man nicht kennt, es nie zu, daß man sie erriete: *»Die Wendungen des Rezitativs scheinen unendlich beschränkt; man wiederholt häufig immer dieselben.«* Man muß sich an die Worte halten. Zwischen ihnen und der Musik knüpfen sich Bande: *»Der Sinn der Worte wirft einen weiteren Reflex auf die Töne.«*

Der Graben zwischen Musik und Sprache ist also nicht so tief, wie man gemeint hat: es gibt Konvention in der Musik, wie es Natur in der Sprache gibt. Daher rührt in der Oper die Notwendigkeit einer intimen Zusammenarbeit zwischen dem Musiker und dem Dichter. Jeder redet und versteht nur seine eigene Sprache, muß aber seine Kunst ersatzweise an die Stelle der Kunst des anderen treten lassen. Seltsame Verbindung: *»Eine Oper möchte zweimal geboren werden.«*

In seinen *Reflexions préliminaires*, die *De la Musique* ... eröffnen, kündigt Chabanon an, er werde die musikalische Kunst *»in ihrem sezierten Skelettgerüst«* betrachten. Er erhofft sich, sagt er, eine einfache Natur zu finden, eine ursprüngliche Idee hinter den untergeordneten Ideen. Und erst nachdem er in der Melodie die einfachste Idee gefunden hat, die man sich von der Musik machen kann, gibt er sich damit ab, diese Idee zu vervollständigen, um die Kunst als Ganzes wiederherzustellen.

So verfällt er schließlich darauf, in der Musik eine allen Menschen und allen Zeiten gemeinsame Sprache zu sehen. Das gilt fraglos für das Skelett: Die musikalische Sprache verfügt über eine spezifische Struktur, die sie, unter einem bestimmten Aspekt, an die artikulierte Sprache annähert (wie die Phoneme haben die

Töne keine wesenseigene Bedeutung) und unter einem anderen Aspekt davon entfernt (die musikalische Sprache hat keine dem Wort entsprechende Artikulationsebene). Bis dahin behält der Nachweis Chabanons seine ganze Schärfe.

Aus dieser strukturellen Universalität folgt aber nicht, daß die musikalische Sprache, abgesehen von kleinen Differenzen, immer und überall denselben Inhalt hat. Seine Analysen vertiefend, sieht sich Chabanon gezwungen, den Rückzug anzutreten. Eine Theorie, die zu Beginn alle Musiken umfaßte, verengt sich allmählich auf die abendländische Musik, die sich seit dem 18. Jahrhundert von den anderen löst, um ein gesondertes Universum zu bilden. Chabanon schenkt diesem Phänomen wachsende Aufmerksamkeit, er erkennt, daß es eine eigene Geschichte hat: *»Die ersten Schritte, die sie* [die französische Musik] *tat, um sich von den einfachen und volkstümlichen Weisen (etwa denen der alten Weihnachtslieder) zu entfernen, hatten sie von ihrem wirklichen Weg abgelenkt.«* Auch weiterhin wird gefragt, worin sich Musik und Sprache im formalen Bereich unterscheiden, aber die Idee, daß die Musiken der verschiedenen Völker, im Gegensatz zu den Sprachen, in der ganzen weiten Welt einen identischen Inhalt haben, führt in ein Nichts zurück, aus dem Chabanon sie nie hätte herausholen sollen.

XVIII

Ich las den zweiten Teil von Chabanons *De la Musique*, der im wesentlichen der Oper gewidmet ist, als *Operratiques* von Michel Leiris erschien, eine postume Sammlung von Fragmenten, die er unter diesem Titel vereint sehen wollte. Neben Beobachtungen zum chinesischen Theater, zu Voodoo-Sitzungen, zum griechischen Kharageuz, an denen man den Ethnologen erkennt, strotzen diese Aufzeichnungen geradezu von eindringlichen Reflexionen. So über den Verismus – ein *»Naturalismus, der von der Realität lediglich bestimmte paroxystische Elemente zurückbehält«*; über den Expressionismus Monteverdis; über den Lyrismus Puccinis; über den Wagnerismus von *Pelléas et Mélisande* (dabei anscheinend auf Äußerungen zurückgreifend, die ich oft bei René Leibowitz gehört habe, der unser gemeinsamer Freund war); ein *Parsifal*-Kommentar: *»Wenn die theatralische Darstellung ein Ritus ist* [wie sich Wagner das vorstellte], *ist das Inszenieren eines Scheinrituals auf der Bühne genau das, was sich verbietet«*; eine Kritik von Menotti.

Neben alledem stehen Urteile, die durch ihre Einseitigkeit und Einfältigkeit beunruhigen. Leiris schreibt *Tosca* die Themen von Unterdrückung und Folter gut, weil sie da wieder aktuell geworden sind. An den *Meistersingern* tadelt er *»einen unangenehmen Chauvinismus«*, und zwar unter dem Vorwand, daß Hans Sachs darin den Geist der deutschen Musik gegen die fremden Einflüsse verteidige (aber Wagner läßt doch einen glühenden Reformierten zu Wort kommen, für den das Adjektiv *welsch* die Gesamtheit der römisch-katholischen Völker bezeichnet; und man weiß, was die Musik Luther zu verdanken hat, was sie später Wagner zu verdanken hat: er war zweifellos im Recht, zu transponieren).

Andere Urteile von Leiris schockieren rundheraus. Er, der Puccini so gut versteht, scheut sich nicht, Leoncavallo zu seinem gleichrangigen Kollegen zu machen. Und aus welchem Grund? Leoncavallo habe sich genial gezeigt, *»indem er in ein und demselben Werk folgende beiden Themen konvergieren ließ – Tränen unter der Maske von Gelächter und Wahrheit auf dem Theater«*. Die Worte Genie, genial kehren dreimal auf den beiden Seiten wieder, wo Leiris von nichts anderem spricht als von dem Libretto. Kein Wort von der Musik.

Anlaß zu großer Verwunderung ist, daß in diesen Texten, die fortgesetzt im Banne von irgend etwas stehen, etwa fünfzig Opern Gegenstand von Kommentaren voller Poesie und Feinsinn sind, ohne daß je von Musik die Rede wäre – oder doch beinahe nie.

In seinem einige Monate nach *Operratiques* veröffentlichten *Journal* gibt Leiris seine Eindrücke bei einer *Parsifal*-Aufführung wieder, die er 1954 besucht hat. Dort findet man den oben zitierten Kommentar, dem Leiris auf zwei Seiten weitere Klagen hinzufügt. So wenig wie er goutiere ich den Beigeschmack von Frömmelei, wie er dem *Parsifal* hier und da anhaftet. Aber die Travestie des Gralszyklus in einem christlichen Sinne datiert nicht von gestern: sie geht auf den Anfang des 13. Jahrhunderts und auf Robert Boron zurück. Für den Ethnologen, der es sich schuldig ist, einige Kenntnisse in Religionsgeschichte zu haben, ist diese Tradition außerordentlich respektabel; anstatt sich darüber zu erzürnen, empfiehlt es sich, sie zu verstehen und die Wagner zu verdankende, neuerungsbestrebte Fassung in den Rahmen aller derer einzuordnen, die seit Chrétien de Troyes einander gefolgt sind. Vor allem hat es, wenn man Leiris liest, nicht den Anschein, daß er im Laufe dieser Aufführung irgendeine musikalische Emotion verspürt hat. Was mich betrifft, so höre ich, wenn ich von der Musik zu *Parsifal* mitgerissen werde, völlig auf, mir Fragen zu stellen.

Leiris dagegen behält seine Anteilnahme den stimmlichen Meriten und den schauspielerischen Leistungen der Sänger vor, der Inszenierung, den Bühnenbildern und vor allem der dramatischen Handlung. Zweifellos hat kein Schriftsteller, der sich zur Oper geäußert hat, ähnliche Bedeutung der Anekdote beigemessen (in Leiris steckt ein kleiner Diderot). Welche Geschichte da auch erzählt wird, sie – wenn man mir den Ausdruck einmal durchgehen lassen will – »marschiert«.

Sie marschiert, und ich komme nur schlecht mit. Von einigen Libretti abgesehen – etwa dem von *Carmen*; dem der *Ring*-Tetralogie, aus andernorts entwickelten Gründen, und mehr noch dem der *Meistersinger*, jenem Meisterwerk über die Entstehung eines Meisterwerkes (angesichts dessen Leiris gesteht, daß er da *»zimperlich tut«*); dem von *Pelléas* (eine andere Oper, die Leiris einen gewissen Widerwillen einflößt), das ich, im Gegensatz zur geläufigen Auffassung, keineswegs für vertonungsunwürdig halte –, bleibt die Mehrzahl der Libretti mir gleichgültig, und es gibt wenig Opern, in denen ich das Bedürfnis verspüre, die Worte zu verstehen: Ich habe die Handlung einmal zur Kenntnis genommen und alsbald wieder vergessen. Wenn ich *Lucia di Lammermoor* erneut im Rundfunk höre, würde eine abermalige Vergegenwärtigung der Handlung, glaube ich, dem Schauder nichts mehr hinzufügen, den das *fortissimo* des Sextetts bei mir auslöst, und nichts mehr dem Gefühl, das ich beim Hören der glanzvoll gesungenen Wahnsinnsarie empfinde.

Was ist für mich also eine Oper? Ein großes Abenteuer. Ich steche auf einem Schiff in See, dessen »Geschirr« in Gestalt von Masten, Segeln und Tauwerk alle die instrumentalen und vokalen Mittel versammelt, die vom Komponisten gefordert werden, um eine Reise ans Ziel zu bringen, die in drei oder vier Stunden eine gewaltige Musik zusammendrängt, ebenso vielgestaltig wie das Schauspiel der Welt und doch eine und einheitlich (hat Chabanon nicht hervorgehoben, daß die Oper *»in ein und demselben Werk mehrere Stile und Kompositionsweisen zuläßt* […], *die verschie-*

denen Zeitaltern der Musik angehören«?); und die mich in eine tausend Meilen von den irdischen Dingen entfernte Welt versetzt, so fern, als ob man mitten auf dem Ozean wäre.

Ich gehe auch nicht mehr in die Oper, weil ich ahne, daß das Boot unter dem unerträglichen Gewicht einer Inszenierung und eines Bühnenbildes Schiffbruch erleiden wird, die sowohl die dramatische Dichtung als auch die Musik beleidigen. Das einzige Problem, das sich der Regisseur stellen sollte (aber dafür reicht eigentlich schon der Orchesterleiter, der das Werk wenigstens kennt und achtet), liegt darin herauszufinden, was dem Komponisten vorgeschwebt haben mag, und es nach besten Kräften wiederherzustellen, mit den technischen Mitteln ausgerüstet, über die man heute verfügt (aber bitte keine kinematographischen Projektionen ins Bühnenbild einfügen! die Oper ist eine Stilisierung des Realen). Im Jahre 1876 äußerte sich Wagner unzufrieden über eine Inszenierung der Tetralogie, weil man nicht in der Lage gewesen sei zu zeigen, was er sich vorgestellt habe (in meiner Kindheit habe ich den »Walkürenritt« noch von Walküren dargestellt gesehen, die auf einer schiefen Ebene in kleinen Karren im römischen Stil dahergerollt kamen; das machte beträchtlichen Lärm). In direktem Gegensatz zu dem, was man sich heute ausheckt und herausnimmt, hatte Wagner eine sehr genaue Vorstellung von der Bühnenbildnerei und erwartete, daß man sich ihr fügte. An den Regisseur von *Lohengrin* schrieb er: *»Wo Du bei den Dekorationen etwas von mir abgewichen bist – wie bei der Lage des Flusses im 1. Akte – erkenne ich sehr wohl, daß Du mich richtig korrigirt hast. Im Burghof hätte ich einzig gewünscht, die Appareile von der Kemenate zum Palas herab etwas sichtbarer zu haben, was einzig durch das Verrücken des Palas-Thurmes mehr zur Seite – nach rechts – wohl hätte geschehen können.«* Und über eine *Tannhäuser*-Aufführung, der er nicht beigewohnt hat: *»Die Sängerhalle soll in Berlin sehr schön ausgefallen sein: zwar glaube ich nicht, daß sie meinen scenischen Anforderungen entspricht (denn den offenen Bogen mit Treppe und Thurm gebe ich durchaus nicht auf) – doch enthält sie vielleicht interessante Motive, die man mit benutzen könnte.«*

Derartige Anweisungen als unwichtig abzutun, erscheint mir ebenso schwerwiegend, wie wenn man sich erlaubte, den Text oder die Musik zu malträtieren. Ich würde sogar so weit gehen, mir zu wünschen, daß auch auf dem Theater die alten Stücke immer so dargeboten werden, wie ihre Autoren sie entworfen, gewollt und beabsichtigt haben. *»Man weiß«*, schreibt im 18. Jahrhundert Hannetaire, ein Autor, der selbst Schauspieler war, *»mit welchem Erfolg Mlle Champmêle unter anderen Rollen die der Phädra spielte, die Racine selbst Vers für Vers mit ihr einstudiert hatte und deren Rezitation, wie man sagt, hätte aufgezeichnet und überliefert werden können, wenn es dafür geeignete Verfahrensweisen gegeben hätte.«* Dem Gutdünken von Schauspielern und Regisseuren anheimgegeben, sind klassische Deklamation und klassisches Bühnenbild bedauerlicherweise verlorengegangen. Wenn der Stil und der Glanz der Kostüme und die Vortragsregeln von einem Theoretiker wie Zeami kodifiziert worden wären, gerieten wir angesichts des heutigen *nô*-Spiels wohl weniger in Erstaunen.

Ungebildete oder mit falschen Ideen vollgestopfte Regisseure lassen die Wagnerschen Götter und Helden sich direkt auf der Bühnen-Erde dahinschleppen, sie mobilisieren sie im Dienst von Ideologien des jeweiligen Augenblicks. Das ist eine grobe Sinnwidrigkeit. Wagner hat mit historischen Opern begonnen. Er hat aber nicht damit fortgefahren, wohl wissend und davon überzeugt, daß einzig der Mythos in jeder Epoche gültig ist: Die Wahrheit der Geschichte liegt im Mythos, nicht umgekehrt.

Ungeachtet der Bewunderung, die ich dem Prosaschriftsteller und Dichter entgegenbringe, mehr als Leiris, der diesen Mißbräuchen sehr nachsichtig begegnet, fühle ich mich Chabanon nahe, der in bezug auf die Oper vernünftigere Ansichten hatte. War er es übrigens nicht, der an Rameau den Symphoniker lobte, dessen Ideen keine Worte gebraucht hätten, nicht einmal in der Oper, um sich angemessen auszudrücken?

In den Augen von Chabanon wirft die Oper ein doppeltes Problem auf. Das ganze Genre, *de jure* absurd, ist *de facto* ein Erfolg. Und wenn die Oper Fortschritte zu verzeichnen gehabt hat (in einem Maße, sagt er, daß die Werke seines Jahrhunderts die der früheren vergessen machen), dann nicht dank der dramatischen Dichtung, wie das La Bruyère sich erhoffte: Das große Schauspiel, nur flüchtig entworfen, ist nicht ins Leben getreten; die Musik hat sich vervollkommnet.

Zum ersten Punkt macht Chabanon geltend, daß die Verwendung der Musik durchaus mit der Tragödie zu vereinbaren ist, die, mittels Rede und Handlung, Furcht und Mitleid einzuflößen versucht. Es wird singend gehandelt und gesprochen: die Frauen, die nähen und spinnen, der Handwerker bei der Arbeit usw. Im Alltagsleben präsent, ist die Musik es auch bei den Leichenbegängnissen und auf dem Schlachtfeld, jenen schrecklichen Tragödien. Aber die scheinbar *»gräßliche Absurdität«* der Oper rührt daher, daß die singenden Personen eben diejenigen sind, die töten und sterben oder sich grämen.

Gleichwohl gibt es da nur einen höheren Grad von Unwahrscheinlichkeit, und er existiert eben auf dem Theater, jenem magischen Bezirk, wo – *»Du siehst, mein Sohn, zum Raum wird hier die Zeit«*: ebendie Worte, die Wagner Gurnemanz in den Mund legt, um der Verwandlungsszene eine transzendente Bedeutung zu verleihen. Nun trägt aber *»jede Unwahrscheinlichkeit, die eine große Wirkung ausübt, ihren Legitimitäts- und Vorrechtstitel* [...] *in sich.* [...] *Die Musik ist ein zusätzliches Wunder, das allen anderen Wahrscheinlichkeit verleiht.«* Sie steigert die Majestät des Schauspiels, wenn sie zum Schweigen einer nachdenkenden Person hinzutritt, und erregt durch orchestrale Mittel das Bewußtsein einer heftigen Passion (die gesangliche Hauptlinie ist dann in die Symphonie verlagert); sie ersetzt *»das müßige Gespräch der Vertrauten«* durch einen Chor als *»Interpreten von Leidenschaften, die eine handelnde Vielzahl einer zuhörenden Vielzahl übermittelt«*.

Was das zweite Problem betrifft – einzig die Musik hat sich vervollkommnet, nicht die Verse und Dichtkunst –, so erklärt es sich daraus, daß die Oper für ihren Fortschritt darauf angewiesen war, daß dramatische Dichtung und Musik sich jeweils im entgegengesetzten Sinne entwickelten. Das war das Verdienst des

Librettisten von Lully: Quinault schuf Neues, indem er *»die Tragödie bei der Musik in die Lehre schickte«*. Er vermied die Komplikationen und suchte sich *»bei den Sujets die wunderbarsten und bei der Art ihrer Behandlung die einfachste«* aus.

Leiris wird seinerseits sagen, daß das lyrische Theater alles durch einen *»Zuwachs an Konvention«* rettet; und er pflichtet E. T. A. Hoffmann bei, wenn der vom Opernlibrettisten verlangt, daß *»der Zuschauer sich, beinahe ohne ein Wort des Textes zu verstehen, nach dem, was er da passieren sieht, eine Idee von der Handlung machen kann«* (aber Leiris sagt wenig später, er hätte die Chöre in *Mahagonny* sicher nicht mit so viel Bewegung gehört, wenn er nicht die Worte verstanden hätte). Ein unterhaltsames Detail; Leiris erhebt Wagners Dichtungen gegenüber – *»sehr lang und sehr kompliziert«* – denselben Vorwurf wie Chabanon gegenüber den Textbüchern von Voltaire: die Musik habe Streichungen erforderlich gemacht, denn *»im lyrischen Genre führt alles zur Einfachheit zurück«*.

»Überall, wo die lyrische Tragödie Fuß gefaßt hat, hat sie zunächst die einfachen und mythologischen Sujets übernommen [...]. *Dieses aus der Nachahmung der Alten geschaffene poetische Universum, voller Erfindungen und von glücklichen Chimären prangend, war gleichsam eine für die Verzauberungen der Musik vorbereitete Gegend.«* Ich wage es, diese Äußerung Chabanons, die ich nicht kannte, zur Stützung der im Finale von *Der nackte Mensch* vorgebrachten These zu verwenden, daß die Musik des 17. und 18. Jahrhunderts auf eigene Rechnung die Strukturen des mythischen Denkens aufgreift.

Freilich gibt es Opern mit historischem Stoff, über die Leiris mit sich zu Rate geht: *»Die historische Oper* [...] *– reagiert sie auf die Epoche, in der die Bourgeoisie* [...] *ihre Revolution gegen die Tyrannen zu unternehmen sich anschickte, zu unternehmen im Begriff war oder gerade unternommen hatte?«* Chabanon löst die Frage auf raschere Weise. Nach Gedichten von Metastasio geschrieben, der die Fabel durch die Geschichte ersetzt, wird die Musik einfach langweilig, daher *»der Brauch, daß man in Italien keine Opern hört«*.

Gleichwohl fürchtet Chabanon seine Zeitgenossen zu schockieren, wenn er die Oper auf das Wunderbare zu beschränken scheint. Er hätte sich auf Batteux stützen können, der 1746 schrieb, daß im lyrischen Schauspiel, wo *»die Götter als Götter agieren, mit dem ganzen Pomp einer übernatürlichen Macht, das Nicht-Wunderbare gewissermaßen aufhörte, wahrscheinlich zu wirken* [...]. *Eine Oper ist also die Darstellung einer wunderbaren Idee.«* (Bereits La Bruyère machte Lully den Vorwurf, die Maschinen verschwinden lassen zu haben. Chabanon macht ihm den symmetrischen Gegenvorwurf, der Oper Madrigale und schale Liedchen untergemischt zu haben.) Die Wunder sprechen zu den Augen, so wie die Leidenschaften zur Seele. Die Oper eint sie durch einen dritten Zauber: den der Musik. Eine Form des Theaters, wird Leiris sagen, in der *»Schauspiel, Musik und reines Drama sich gemeinsam um die Emotion des* [...] *regelrecht umzingelten Zuschauers bewerben«.*

Die Entwicklung, die zur Oper führte, liegt also in der Logik der Dinge selbst: *»Bei den Franzosen hatten Corneille und Racine die Tragödie sozusagen auf ihre letzte Stufe getragen, als die Musik es unternahm, die modulierten Töne damit zu verbinden* [...]. *Das Jahrhundert, das* Phädra *und die* Horatier *bewunderte, erhob keinerlei Einspruch gegen diese Neuerung; es glaubte sich auch für* Armida *begeistern zu können.«* Ich bemerke eine gewisse Analogie zwischen der Auffassung, die Chabanon sich vom Übergang von der deklamierten zur gesungenen Tragödie zurechtlegt, und der Art und Weise, wie ich selbst eine Kontinuität von Mythos und Musik gestiftet habe; und zwar in nahezu denselben Wendungen: *»Wenn die Tragödie«*, sagt er, *»vervollkommnet und in allen ihren Kombinationen gleichsam ausgeschöpft, nur mehr verfallen kann, bemüht sich die Musik, sie in neuer Form wiederherzustellen.«* In verkleinertem Maßstab illustrierte die Literaturgeschichte Frankreichs damit ein Phänomen, das mir als typisch für die abendländische Zivilisation in ihrer Gesamtheit erschienen war. Aber warum fügt Chabanon hinzu: *»Dieses Unterfangen ist zumindest ein Trost in unserer Dekadenz«*?

Er mißtraut in höchstem Maße der Mode, den »Manieren« und

warnt vor dem Schwindel des Modernismus: »*Wenn unser geringschätziges Vergessen die Existenz von musikalischen Hervorbringungen tilgt, die zwanzig Jahre alt sind, setzen Sie den nächsten Zeitpunkt fest, an dem Ihre Hervorbringungen getilgt sein müssen. Was sind das also für rasche und sukzessive Todesfälle, anhand deren die in Teilen zerstörte Kunst schließlich ganz zugrunde geht?*« Wenn man das musikalische Urteil für willkürlich hält und demzufolge an die Idee des gekünstelten und konventionellen Schönen zu glauben beginnt, dann wegen der raschen Revolutionen, die die Musik alle zwanzig oder dreißig Jahre erlebt: »*Die einfachen Schönheiten, von denen gefunden, die die Kunst urbar gemacht haben, sind um so wahrer, als sie ohne Anstrengung und gemeinschaftlich gefunden worden sind; sie haben eine Art natürliche Beweiskraft.*«

Zum Thema der schleppenden Musik der Seeleute und Bauern merkt Chabanon zu Beginn seines Buches an: »*Und doch sind sie fröhlich in dem Augenblick, da sie Trauriges singen.*« Auch in der Komischen Oper scheint die Musik unfähig zu sein, sich an die Spaßhaftigkeit der Situationen anzupassen. Sie bleibt immer dieselbe: ernst, sogar in Werken, die als komisch oder buffonesk gelten. In den Dienst der Komödie gestellt, müßte die Musik eigentlich das Lachen provozieren und das Lächerliche schildern. Sie kann es nicht, weil – eine tiefe Bemerkung – das Lachen aus einer Überraschung erwächst, die dem Geist bereitet wird und zu der die Musik nur eine indirekte Beziehung hat. Deshalb löst auch die fröhlichste Weise kein Lachen aus, während ein pathetischer Gesang Tränenströme fließen läßt. Läßt sich dieses Hindernis überwinden? Chabanon träumt davon in einer inspirierten Notiz, die hier in voller Länge zitiert zu werden verdient:

»*Der Musiker, der die neue Kunst erfände, von der ich spreche* [...], *müßte die Schauspieler unterrichten, das Rezitativ vorzutragen und zu spielen, und zwar anders, als man es gemeinhin tut. Aber die symphonischen Züge, mit denen er sein Rezitativ begleitete, hätten ebenso wie die Arien, die er daruntermischte, einen Anflug von Scherz, der eine besondere Absicht des Komponisten zu erkennen gäbe. Nur mit Hilfe einer völlig neuen Begabung und eines genauen Gefühls für die Übereinstimmungen kann man sich an die Schöpfung heranwagen, die mir vorschwebt. Der Künstler, der sich damit abgäbe, hätte den Dichter zu formen, mit dem er sich zusammenschlösse, die Schauspieler, die sie ausführten, und vielleicht sogar das Publikum, das sie zu Gehör bekäme. Diese letztere Art von Erziehung aber wäre nicht schwierig.«*

Hat nicht genau dieses Programm Mozart in die Tat umgesetzt, und zwar mit Werken wie *Die Entführung aus dem Serail*, *Cosí* (Despina) und *Die Zauberflöte*? Später Rossini und dann Offenbach, bevor Ravel in *L'Heure espagnole* das Genre auf den höchsten Grad von Vollkommenheit führt?

Ich will davon absehen, dieser Aufzählung *L'Enfant et les sortilèges* hinzuzufügen, weil ich, jedesmal wenn ich es höre, gar nicht darüber hingwegkommen kann, daß Ravel sich von einem Libretto von unerträglicher intellektueller und moralischer Erbärmlichkeit hat einfangen lassen (und von dem der Hörer in diesem Falle gar nicht abstrahieren kann, so sehr gängelt es die Musik und zerteilt sie in lauter deskriptive Vignetten); ein Libretto, in dem der Autor auf widerwärtige Weise seine eigene Apotheose der kastrierenden Mutter inszeniert (*»Gedenkt, gedenket stets des Kummers von Mama«*), mit dem Kind, das sie fortwährend Baby nennt, obwohl es bereits im Schulalter ist, und einer ganzen Herde von dummes Zeug schwatzenden Tieren ihm zu Füßen.

In den Vorspielen zu den beiden Bildern, im Ragtime, in der Szene der Prinzessin und im bewundernswerten Schlußchor überlebt das Genie Ravels und hat Bestand. Aber was für Schablonen hier und da; und angesichts des Terzetts der Möbelstücke, des Auftritts des Mathematik-Männchens, des Duetts der schwarzen und der weißen Katze und der Szene mit dem im »Tiergemenge« verwundeten Kind bedauert man, daß der Komponist sich den Einflüsterungen seines Librettisten so gefügig gezeigt hat.

Töne und Farben

XIX

Pater Louis-Bertrand Castel (1688–1757) war im 18. Jahrhundert wegen seiner Erfindung des Augen- oder chromatischen Klaviers berühmt, dessen tatsächlicher Bau ihm allerdings nicht gelingen wollte. Rousseau, Diderot, Voltaire machten sich über die Idee lustig, daß das Spiel der Farben das Auge auf angenehme Weise berühren können sollte, so wie die Musik das Gehör. Dagegen nahm ein so bedeutender Komponist wie Telemann sie ernst.

Denn ganz im Gegensatz zu den Aussagen seiner Kritiker hatte Castel sehr genau begriffen, daß die Farben und die Klänge ihrem Wesen nach verschieden sind: *»Die Eigenart des Klanges liegt darin, daß er vergeht, flieht, daß er unwandelbar mit der Zeit verknüpft bleibt und vom Tempo abhängt* [...]. *Die dem Ort unterworfene Farbe ist fest und dauerhaft wie er. Sie erglänzt in der Ruhe* [...].« Wenn andererseits *»der Ton zur Farbe gehört wie das Hell-Dunkel zum Clairobscur«*, existiert dieses letztere unabhängig von der Farbe (man kann eine Szene in Schwarzweiß darstellen), während *»die beiden Unterschiede beim Klang vereinigt sind, weil es nicht möglich ist, hohe und tiefe Klänge hervorzubringen, die keine Töne sind«*. Damit antizipierte Castel die Entdeckung der Neurologen, daß, wenn man von der Retina zum Cortex zurückgeht, die optischen Stimulierungen drei Kanäle benutzen; der Kanal der Lichtstärke existiert getrennt von den beiden chromatischen Kanälen (der eine für Rot und Grün, der andere für Gelb und Blau). Castel hatte also allen Grund, in seiner

Zeit zu sagen: »*Dieser ganze Bereich der Farben ist neuer, als man glauben möchte.*« Er selbst, fügt er hinzu, wird »*nur ein winzig kleines Stückchen zu den gewaltigen Entdeckungen beigetragen haben, die ich für die kommenden Jahrhunderte noch in Reserve sehe, was auch die allzu gefügigen Anhänger des Herrn Newton dazu sagen mögen*«. Gegen Newton, der »*sich vorgestellt hat, daß alle prismatischen Farben ursprünglich*« seien, hätte Castel allerdings bei den Neurologen Trost gefunden: sie haben uns gelehrt, daß die Menschen, abgesehen von Schwarz und Weiß, nur Rot, Grün, Gelb und Blau als reine Farben wahrnehmen.

Castel aber reflektiert über die Farben weder als Neurobiologe noch als Physiker. Er stellt das Problem – und darin liegt seine große Originalität – in ethnologischen Begriffen und nimmt es aus dem Blickwinkel dessen in Angriff, was wir heute die materielle Kultur nennen. Die Farben, die er behandelt, sind »*stofflich, gebräuchlich und handhabbar*«. Seine Optik, sagt er, »*soll die Theorie der Praxis der Maler und Färber sein*«. Er weiß darüber hinaus, daß die Wertschätzung der Farben je nach den Kulturen variiert. In Frankreich lieben wir das Goldgelb und »*überlassen das reine Gelb, das für uns schal ist, den Engländern*«. Nur zu gern möchte man glauben, daß Castel den Finger auf eine Invariante gelegt hat, wenn man in einem Artikel im *Figaro* vom 10. Juni 1992 einen Bericht über den Besuch von Königin Elizabeth II. in Frankreich liest, demzufolge die Majestät »*in ein stark zitronenfarbenes Gelb gekleidet war, das mehr als einem Spezialisten keine Ruhe ließ*«.

Seine eingehende Kenntnis der Techniken veranlaßt Castel zu einer überraschenden Theorie: »*Das Schwarz ist ein Überfluß von Farben.* [...] *Es gibt gewichtige Gründe, die Farben vom Schwarz herzuleiten.*« Welche Gründe? Wenn das Weiß aus der Mischung aller Farben herrührt, enthält das Schwarz sie in Potenz, es ist gewissermaßen ihr Erzeuger. Beweis: die Materie, die »*von sich aus dunkel und matt ist*«. Im Zuge der Erhitzung nimmt das schwarze Eisen nacheinander alle Farben bis zum Weiß an. Um das Schwarz zu erhalten, tauchen die Färber das Gewebe in Bäder mit drei ursprünglichen Farben. Während das Schwarz schließlich ein Farbstoff ist, ist es das Weiß nicht: es definiert sich als Fehlen jenes Reichtums, den das Schwarz in sich birgt: *»Alles kommt aus dem Schwarz, um sich im Weiß zu verlieren.«*

Überspanntheiten, sicherlich, und nicht frei von Widersprüchen. Bezeichnete Diderot Castel nicht als *»schwarzen Brunfthirsch, halb vernünftig, halb verrückt«*? Castel hatte nichtsdestoweniger eine geschärfte Farbwahrnehmung und eine genaue Sensibilität für die Unterschiede, die der Werkstoff, das Korn oder Chinierte dem Kolorit hinzufügen. Sich auf seine natürlichen Gaben und sein praktisches Wissen verlassend, hat Castel eine Logik der sinnlichen Eigenschaften formuliert, in der die Begriffe von Beziehung und Opposition in den Vordergrund rücken.

Es gibt zwischen Tönen und Farben nicht mehr Gleichheit noch Identität, noch, wie Castel sagt, »Selbigkeit [*mêmeté*], als die Geometrie zwischen Unendlichem und Endlichem, Oberfläche und Linie gelten läßt. Unter Infinita aber sind die gleichen Merkmale gegeben wie unter Finita; unter Oberflächen, unter Körpern die gleichen Merkmale wie unter Linien. In verschiedenen Bereichen sind auch die Merkmale von Tönen und Farben analog: *»Alles ist relativ* [...]. *Es ist die Opposition, die die Dinge zur Geltung bringt.«* Castel (der Mathematiker war) wendet auf die schönen Künste die Theorie der vierten harmonischen und proportionalen Saite an, und zwar in Wendungen, die, wenn die Idee nicht so alt wäre, einen auf die Vermutung brächten, der *Entretien entre d'Alembert et Diderot* habe sie bei ihm entlehnt.

Indem er die anerkannten Ideen über das Schwarz auf derart radikale Weise auf den Kopf stellte, schuf Castel einen Präzedenzfall. Seine von einer sehr lebhaften Sensibilität für die Farben inspirierte Theorie nimmt eine weitere Umkehrung der Wertigkeit des Schwarz vorweg, will sagen: diejenige, die Rimbaud in seinem Sonett *Voyelles* (aus Gründen der leichteren Zugänglichkeit für den Leser auf S. 131 im vollständigen Wortlaut wiedergegeben) vollziehen wird.

Im Zusammenhang mit dem Phänomen des Farbenhörens (ein Sonderfall jener Sinnesreizung, die man mit dem Namen

Synästhesie bezeichnet) macht Jakobson die folgende Anmerkung: *»Der manifeste Zusammenhang zwischen einer optimal chromatischen Farbe wie Scharlach und der optimal chromatischen Klangfarbe der Trompete und den Gipfeln der vokalischen (/a/) und der konsonantischen (/k/) Chromatik in dem Farbnamen ›Scharlach‹ ist wirklich spektakulär.«* (Ich habe hier aus dem Englischen übersetzt, aber was für *scarlet* gilt, gilt auch und mehr noch für das französische *écarlate.*)[1]

Zahlreiche in verschiedenen Sprachen angestellte Untersuchungen bestätigen, daß das Phonem /a/ zumeist die Farbe Rot vergegenwärtigt (vor allem bei Kindern; das Farbenhören wird bei der Mehrzahl der Erwachsenen seltener oder weniger deutlich; aber es gelingt einem, es anhand von indirekten Mitteln nachzuweisen). Als Beispiel möchte ich die schöne Beobachtung von Clavière zitieren, einem der ersten, die sich mit diesem Phänomen befaßt haben. Ein Freizeitschipper erzählte ihm: *»Ich bin Seemann und* [...] *finde den Brauch, an Backbord ein Rotlicht zu setzen,* sehr natürlich *und* sehr logisch ... *Dagegen erscheint mir das Wort Feuer schlecht gebildet, denn das Feuer ist rot, und es gibt kein* a *in diesem Wort.«* Daß Rimbaud *a* gleich Schwarz setzt, erscheint also als phonetischer und visueller Skandal, der auf eine Provokationslust zurückzuführen ist, für die der Dichter weitere Beispiele gegeben hat. Aber schauen wir sehr genau hin:

A, noir corset velu de mouches éclatantes[2]

Im Zusammenhang mit dem Porträt von Berthe Morisot mit dem Veilchenstrauß bezeichnete auch Valéry mit dem letztgenannten Adjektiv *»das Schwarz, das niemand anderem zukommt als Ma-*

1 *»The apparent connection between an optimally chromatic color such as scarlet and the optimally chromatic trumpet-ring and the summits of vocalic (/a/) und consonantal (/k/) chromaticity in the color name scarlet* ([*skarlət*]) *is indeed spectacular«* (Jakobson/Waugh, *The Sound Shape of Language*, Bloomington 1979, S. 193 [A.d.Ü.]).

2 »A, schwarzbehaartes Mieder glanzvoll prächtiger Fliegen« – hier wie auf den folgenden Seiten wird die Rimbaud-Übersetzung von Walther Küchler (*Sämtliche Gedichte*, Heidelberg 1946) zitiert [A.d.Ü.].

net [...] *die glänzenden Orte von intensivem Schwarz* [...] *die Allmacht dieser Schwarztöne* [...]«.

»Éclatantes« enthält die Phoneme /a/ und /k/ als Gipfel der vokalischen und konsonantischen Chromatik. Ein Abschnitt aus *Illuminations* über die Schönheit assoziiert das Schwarz mit den Vokabeln *»éclatent«* und *»écarlates«* (wobei Jakobson diese letztgenannte zu seinem Hauptargument macht):

des blessures écarlates et noires éclatent
dans les chairs superbes[1]

Die Verse des Sonetts, die dem Vokal *a* gelten, machen ihn schwarz. Dennoch existiert in der Phonetik von »éclatantes« das Rot in latentem Zustand (*»Voyelles* [...] *je dirai quelque jour vos naissances latentes«*[2]). Mehr noch: Rimbaud nähert ausdrücklich das Schwarz dem Rot an, im oben zitierten Text aus den *Illuminations* und in anderen: *»Le sang noir des belladones«*; *»noirceurs purpurines«* ; *»ors vermeils«*, die mit *»noirs sommeils«* reimen; *»la toilette rouge de l'orage«, »Noir Laideron/Roux Laideron«, »Rougis / et leurs fronts aux cieux noirs«* usw.[3]

Rimbaud las Baudelaire, für den das Rot, »jene so dunkle, so dichte Farbe«, ein ähnliches Paar mit dem Schwarz bildet: *»rouge idéal* [...] *grande nuit«*; *»nuit noire, rouge aurore«*; *»néant vaste et noir* [...] *soleil noyé dans son sang«* usw.[4] Sogar ohne Stendhal zu Hilfe zu rufen, fände man wahrscheinlich weitere Beispiele bei den Romantikern und ihren Nachfolgern, denn es könnte sich da

1 »purpurrote und schwarze Wunden brechen auf in dem herrlichen Fleisch« (*Being Beautious*).

2 »Vokale [...] Einst künd ich den verborgnen Grund, dem ihr entstiegen« (*Voyelles*).

3 »Das schwarze Blut der Belladonnen« (*Les Mains de Jeanne-Marie*); »[ein wilder Weinstock,] schwarz, mit rötlichem Geflecke« (*Les Premierès Communions*, VI); »mit rotem Gold« – »der Mauern schwarzer Schattenschlaf (*ibid.*); »schwarzhaarige Dirn/fuchsrote Dirn« (*Mes Petites Amoureuses*); »am schwarzen Himmel hoch die Stirnen, rotgeschmückt« (*Michel et Christine*).

4 »[M]einem roten Ideal« – »große Nacht« (*L'Idéal*); »schwarze Nacht, rotes Frühlicht« (*Le Possédé*); »das wüste und schwarze Nichts« – »Die Sonne ertrank in ihrem gerinnenden Blut« (*Harmonie du soir*).

um eine Schablone handeln, um eine abgedroschene Redensart, deren Bestückung mit samtrot bezogenem schwarzem Holz, wie es für die Salons des Second Empire und darüber hinaus typisch war, vielleicht die verbürgerlichte Version darstellte.

Daß im Sonett *Voyelles* die phonetische Symbolik des Rot durch das Schwarz durchscheint, ist Anlaß genug, um noch andere Aspekte ins Auge zu fassen.

Von den sechzehn bis achtzehn Vokalen, die die Phonologen im Französischen identifizieren, kennt Rimbaud nur fünf: die der Fibeln, die in den Schulen im Singsang von Merkversen rezitiert wurden – mit der stummen Aussprache des *e*, das Rimbaud als Weiß sieht (*»der Buchstabe* e *ohne Akzent dient hauptsächlich dazu, den Vokal /ə/ zu schreiben, das sogenannte ›stumme* e‹«, merkt dazu der *Grand Dictionnaire des Lettres* von Larousse an). Nun weisen die Phonologen dem stummen *e* (auch das schwache *e* genannt) aber eine Sonderstellung zu. Für manche ist es kein Phonem; der scharfsinnigeren Analyse von Jakobson zufolge ist es ein Null-Phonem, das einerseits zu allen anderen Phonemen des Französischen in Gegensatz tritt (es enthält keinerlei differentielle Elemente und hat keinen konstanten Klang); andererseits zur Absenz jeglichen Phonems.

Das Sonett erkennt also den für das Französische eigentümlichen Hauptgegensatz zwischen dem /a/ – von allen Phonemen das am meisten gesättigte und chromatische – und dem /ə/ an, dem Null-Phonem oder der Phonemabsenz. Dieser maximalen phonologischen Opposition entspräche der ebenfalls maximale Gegensatz zwischen Schwarz und Weiß im panchromatischen Bereich. Dieser letztgenannte Gegensatz scheint dominant zu sein bei Rimbaud, der unter dem Einfluß von Haschisch *»schwarze Monde, weiße Monde«* sah (im Unterschied zu den farbigen Halluzinationen von Théophile Gautier: *»Ich hörte den Lärm der Farben. Grüne, rote, blaue, gelbe Töne erreichten mich durch völlig verschiedene Wellen.«*)

Es könnte also sein, daß die visuelle Sensibilität Rimbauds der Luminiszenz den Vorzug vor der Chromatik gab oder, genauer, daß sie die Opposition von Hell und Dunkel (die man für archaisch hält) über die von Lichtstärke und Klangfarbe stellte; anscheinend wie verschiedene exotische Sprachen oder Kulturen namentlich in Neuguinea; und vielleicht auch im Sanskrit, im Altgriechischen und im Altenglischen.

Der dritte Vokal des Sonetts ist *i*, rot. Mit nicht geringer Verblüffung sieht man, wie sich hier das Elementardreieck von Rot, Weiß und Schwarz bildet, das die doppelte Opposition von Präsenz und Absenz von Lichtstärke (*weiß/schwarz*) und Präsenz von Farbe (*rot/weiß* + *schwarz*) illustriert, in der das Rot, die Farbe *par excellence*, die Spitze einnimmt.

Auf *i*-Rot folgt *u*-Grün. Die chromatische Opposition *rot/grün* ist maximal wie die achromatische Opposition *schwarz/weiß*, auf die sie folgt. Im phonetischen Bereich ist es die von *i* und *u* nicht. Die maximale Opposition auf der Achse der vorderen und hinteren Vokale ergäbe sich zwischen dem *i* und dem Phonem, das im Französischen als *ou* geschrieben wird, aber dieser Vokal kommt in den Fibeln nicht vor. Der schärfste Gegensatz, über den Rimbaud verfügte, war also der von *i* und *u*: ein von den Phonetikern mit /y/ transkribierter palataler, vorderer, gerundeter Vokal, der im Vokaldreieck eine Mittelstellung zwischen den beiden anderen einnimmt.

Festgehalten werden muß: Bei Rimbaud bilden die bisher in Betracht gezogenen vier Farben ein System, das im Sonett erneut in Erscheinung tritt, um die vier ersten Vokale genauer zu bestimmen.

> *De tes* noirs *Poèmes, – Jongleur!*
> Blancs, verts, *et* rouges *dioptriques*[1]

Oder weiter:

> *des enfants lisant dans la* verdure *fleurie*
> *leur livre de maroquin* rouge! *Hélas, Lui, comme*

1 »Aus deinen *schwarzen* Gedichten – Jongleur! / *Weiße, grüne* und *rote* Spiegel« (*Ce qu'on dit au poète à propos de fleurs,* V).

mille anges blancs *qui se séparent sur la route,*
s'éloigne par-delà la montagne! Elle, toute
froide et noire, *court! après le départ de l'homme!*[1]

(Ich habe in beiden Zitaten jeweils die Farbennamen besonders hervorgehoben.)

Bleibt der Fall von *o*-Blau. Von dem viergliedrigen System geschieden, gehört das Blau bei Rimbaud einem System mit zwei Termen an, das es in Korrelation und Opposition zum Gelb setzt: *»apothéose bleue et jaune«*; *»Bleu Laideron / Blond Laideron«*; *»des pleurs d'or astral tombaient des bleus degrés«*; *»De Lotos bleus ou d'Hélianthe«* und *»L'or des Rios au bleu des Rhins«*; *»L'éveil jaune et bleu des phosphores chanteurs«* und *»Des lichens de soleil et des morves d'azur«.*[2]

Die Neurologen haben nachgewiesen, daß die Gegensätze *rot/grün* und *blau/gelb* zu verschiedenen Kanälen gehören. Auf jeden der beiden reagieren unterschiedliche Ganglienzellen. Nun fehlt das Gelb aber in dem Sonett, das, weil es nur mit fünf Vokalen rechnet, für eine sechste Farbe keinen Platz hat. Die Wahl des Blau mit Präferenz vor dem Gelb erklärt sich vielleicht daraus, daß das Blau nach dem Rot die am meisten gesättigte Farbe ist: es würde das Gelb in den Hintergrund verweisen. Castel wußte das bereits und stellte der *»Schalheit«* des Gelb *»das Blau«* entgegen, *»von allen Farben diejenige, die sich am höchsten erhebt, wobei das Weiß, wie mir scheint, nur eine Abstufung von Blau ist«.* Möglich ist auch, daß das Gelb seine Präsenz nach dem Blau (so wie

1 »Kinder sind da, lesend im Blühn der *grünen* Runde / Ihr Buch in *rotem* Lederband: Ach, ER, – so meiden / Sich tausend von *weißen* Engeln auf ihrem Wege – / Wandert jenseits des Bergs dahin auf fernem Stege! / Sie, ganz kalt und *schwarz*, enteilt nach des Mannes Scheiden!« (*Mémoire*, III).

2 »in blau-gelber Apotheose« (*L'Éclatante Victoire de Sarrebruck*); »mein blaues Dirnlein, du / Blondes Dirnchen, du« (*Mes Petites Amoureuses*); »als Gold aus Sternentränen fiel aus blauen Höhn« (*L'Orgie parisienne*); »das Blau der Lotosblumen und der Helianthen« und »[Du ließest folgen] das Gold der Rios dem Blau vom Rhein« (*Ce qu'on dit au poète à propos de fleurs*, II und III); »und von den gelblich blauen Phosphors Morgenlied« und »moosige Sonnenflechten und Schleim des Azur« (*Le Bateau ivre*).

zu Beginn des Sonetts das Rot unter dem Schwarz präsent ist) sowohl durch die evidente Etymologie des Wortes *clairon* [Horn] verrät (*»das Gelb ist seinem Wesen nach hell«*, sagte Castel) als auch durch die Farbe dieses Instrumentes, das aus gewöhnlich *cuivre jaune* [Messing] genanntem Gelbguß hergestellt wird.

Rimbauds Geist war wahrscheinlich ein fruchtbares Terrain für Synästhesien. Gleichwohl täte man unrecht, bei der Analyse des Sonetts jeden Vokal gesondert in der Beziehung zu seiner Farbe ins Auge zu fassen. *Voyelles* illustriert keineswegs einen Fall von Farbenhören. Wie das bereits Castel genau begriffen hätte, beruht das Sonett auf an Differenzen wahrgenommenen Homologien. Selbst wenn man nicht ausschließt, daß Rimbaud eine der Castel nahekommende Sensibilität für Schwarz gehabt haben mag, bestätigen seine Verse nicht, daß *a* wie das Schwarz ist (man hat gesehen, daß die Wahrnehmung des Rot dabei latent vorhanden ist), *e* wie das Weiß, sondern – und das ist etwas ganz anderes – daß *a*, das vollste Phonem, und *e*, das leerste Phonem, im Französischen auf ebenso radikale Weise zueinander in Gegensatz treten wie Schwarz und Weiß; und wenn Rimbaud *i* als Rot und *u* als Grün sieht, so deshalb, weil in seinem beschränkten Vokalrepertoire *i* zu *u* in Gegensatz tritt wie eine Primärfarbe zu ihrem Widerpart. Es sind keine unmittelbar wahrgenommenen sensorischen Entsprechungen, die die Architektur des Sonetts zu erkennen geben, sondern die Beziehungen, die der Verstand unbewußt zwischen ihnen herstellt.

Zweifellos hat Rimbaud in seiner Poesie einen großen Verschleiß an Farbennamen, und man kann sich nur schwer des Eindrucks erwehren, daß sie ihm häufig als bloße Flickwörter dienen. Es ist jedoch nicht gleichgültig, daß diese Namen das bevorzugte Reservoir sind, aus dem er schöpft, um seine Verse zu füllen; und damit wählt er nicht irgendeine beliebige Farbe (es sei denn *»vertchou«*, das unerklärlich bleibt, wofern es nicht ein Zufallsreim auf *»caoutchouc«* und *»acajou«*[1] ist; immerhin muß man festhalten,

1 *»Où, pommadé, sur un guéridon d'acajou, / Il lisait une Bible à la tranche vertchou«* – »Wo, haargesalbt, am Mahagonitisch gebannt, / Er eine Bibel las mit saftig-grünem Rand« (*Les Poètes de sept ans*).

daß, den Neurologen zufolge, die Pole von Gelb und Blau auf der Ebene der Retina-Kegel in Richtung Chartreuse und Violett verschoben sind). Die zerebrale Farbenkarte war bei Rimbaud besonders trächtig und mit funktioneller Wertigkeit ausgestattet.

Man müßte sich darüber hinaus mit dem Überfluß an nasalen Konsonanten befassen. Chabanon scheint die phonetische Struktur des Sonetts mit einem Vorsprung von einem ganzen Jahrhundert zu beschreiben, wenn er auf die nasalen Silben zu sprechen kommt, *»diese unangenehmen Klänge, die so leicht mit den helleren Klängen* [die Vokale!] *verschmelzen, indem sie gleichsam die Schatten, die Massen, das Helldunkel der Sprache bilden«*. Erinnern wir uns an *Une Saison en enfer: »Ich erfand die Farbe der Vokale!* [...] *Ich bestimmte Form und Bewegung jedes Konsonanten«*, und setzen wir uns dann mit dem Konsonantensystem des Sonetts auseinander, das reich ist an diffusen Konsonanten, die noch hervorgehoben werden durch Alliterationen und Paronomasien: b*ombinent*, p*uanteurs; ombre; can*deur des *vapeurs;* fiers, b*lancs, om*belles; pour*pres, lèvres* belles; *ivresses* pé*nitentes; vib*re*ments* d*ivins, mers viri*des, p*aix des* pâ*tis,* p*aix des ri*des... Jakobson merkt irgendwo an, daß die Nasalität das Merkmal ist, das sich am besten mit nichtmarkierten Termen des Gegensatzes *kompakt/diffus* vereinbaren läßt: diffus für die Konsonanten, kompakt für die Vokale. Um die linguistische Analyse weiter voranzutreiben, fehlt mir die Kompetenz.

Schließlich wird man gewahr, daß die Vokale, zusätzlich zu den Farben, direkt oder indirekt auch Töne vergegenwärtigen. Die Fliegen von *a* summen, das heißt dröhnen; *e* evoziert Zittern, *i* Lachen, *u* Erbeben, *o* sowohl Schrillen als auch Stille. Es vollzieht sich also ein Übergang von einem kontinuierlichen Geräusch (Dröhnen) zu einer Erregung, die anfangs diskontinuierlich (Zittern) verläuft und später periodische Geräusche hervorruft (Kreise, Erbeben); schließlich einen Wechsel von heftigen Geräuschen (Schrillen) und Stille, die auf akustischer Ebene, wenn auch am Ende, der gemeinsamen Präsenz von Schwarz und Rot (letzteres in latentem Zustand) auf der visuellen Ebene des Anfangs entspricht. Ebenso im letzten Vers:

– O l'Oméga, rayon violet de Ses Yeux!

wo das Blau eindunkelt, indem es sich mit dem Rot mischt (*»das Violett ist dunkel«*, sagte Castel), um gleichsam die Schließung eines Komplexes zu skizzieren, der mit dem Schwarz einsetzte; und als ob die Ambiguität des *o* im akustischen Bereich und seine Neigung zum Violett im visuellen bestrebt wären, in Gestalt eines Chiasmus die visuelle Ambiguität des *a* und das damit verknüpfte Fehlen akustischer Ambiguität des kontinuierlichen Dröhnens zu reproduzieren.

VOYELLES

A noir, E blanc, I rouge, U vert, O bleu: voyelles,
Je dirai quelque jour vos naissances latentes:
A, noir corset velu des mouches éclatantes
Qui bombinent autour des puanteurs cruelles,

Golfes d'ombre; E, candeurs des vapeurs et des tentes,
Lances des glaciers fiers, rois blancs, frissons d'ombelles;
I, pourpres, sang craché, rire des lèvres belles
Dans la colère ou les ivresses pénitentes;

U, cycles, vibrements divins des mers virides,
Paix des pâtis semés d'animaux, paix des rides
Que l'alchimie imprime aux grands fronts studieux;

O, suprême Clairon plein des strideurs étranges,
Silences traversés des Mondes et des Anges:
– O l'Oméga, rayon violet de Ses Yeux!

VOKALE

A schwarz, E weiß, I rot, Ü grün, O blau, Vokale,
Einst künd ich den verborgnen Grund, dem ihr entstiegen.
A, schwarzbehaartes Mieder glanzvoll prächtiger Fliegen,
Die summend schwärmen über stinkend grausem Mahle.

Der Schatten Golf. E, Weiß von Dämpfen und von Zelten,
Speer stolzer, weißer Gletscherkönige, Rausch von Dolden;
I, Purpur, Blutsturz, Lachen, wie's von Lippen, holden,
In trunkner Reue strömt und in des Zornes Schelten.

Ü, Kreise, grüngefurchter Meere göttlich Beben,
Der Almen Friede, wo die Herden weidend leben,
Friede, den Alchemie in Denkerstirnen gräbt.

O, wunderbares Horn, voll seltsam schrillen Weisen,
Stillschweigen, drin die Welten und die Engel kreisen:
– O, Omega, Strahl, der *ihr* Auge blau umwebt.

XX

Ich habe andernorts erzählt, unter welchen Umständen ich André Breton kennenlernte. Es war auf dem Schiff, das uns nach Martinique brachte: eine weite Überfahrt, deren Langeweile und Unbequemlichkeit wir uns verkürzten, indem wir über das Wesen des Kunstwerkes diskutierten, zu Beginn schriftlich, dann in Form von Gesprächen.

Um den Anfang zu machen, hatte ich Breton einen kurze Notiz vorgelegt. Er antwortete darauf, und ich bewahrte seinen Brief sorgsam auf. Der Zufall hat es gefügt, daß ich meine eigene Notiz sehr viel später beim Ordnen alter Papiere wiederfand: Breton hatte sie mir wahrscheinlich zurückgegeben.

Hier ist sie also, gefolgt von dem unveröffentlichten Text Bretons, für dessen Publikationserlaubnis ich Madame Elisa Breton und Madame Aube Elléouët danke.

Notiz über die Beziehungen zwischen Kunstwerk und Dokument, geschrieben und André Breton zugestellt im März 1941, an Bord der *Capitaine-Lemerle.*

Im Manifest des Surrealismus *hat A. B. die künstlerische Schöpfung als absolut spontane Aktivität des Geistes definiert; eine solche Aktivität läßt sich als Resultat systematischer Einübung und methodischer Anwendung einer bestimmten Zahl von Rezepten vorstellen; dennoch definiert sich das Kunstwerk – und definiert es sich ausschließlich – durch seine Eigenschaft totaler Freiheit. Es hat den Anschein, daß A.B. seine Einstellung in diesem Punkt (in* Die surrealistische Situation des Gegenstandes) *merklich geändert hat. Dennoch ist die ihm zufolge existierende Beziehung zwischen Kunstwerk und Dokument nicht vollkommen eindeutig. Wenn es auf der Hand liegt, daß jedes Kunstwerk ein Dokument ist, kann man dann nicht auch gelten lassen, wie das eine radikale Interpretation seiner These einschlösse, daß jedes Dokument ebendeshalb auch ein Kunstwerk ist? Wenn man von der Position des* Manifestes *ausgeht, sind in Wirklichkeit sogar drei Interpretationen möglich.*

1. Der ästhetische Wert des Kunstwerks hängt ausschließlich von seiner mehr oder weniger großen Spontaneität ab; das (als solches) wertvollste Kunstwerk wird dabei durch die absolute Freiheit seiner Hervorbringung definiert. Da jede gebührend geübte Person in der Lage [ist], *diese völlige Ausdrucksfreiheit zu erreichen, steht die poetische Produktion mithin allen Menschen frei. Der dokumentarische Wert des Werkes verschmilzt mit seinem ästhetischen Wert; das beste Dokument (als solches bewertet im Verhältnis zum Grad schöpferischer Spontaneität, den es verrät) ist auch das beste Gedicht; rechtens, wenn nicht sogar faktisch kann das beste Gedicht also von jedem Beliebigen nicht nur verstanden, sondern auch hervorgebracht werden. Es läßt sich eine Menschheit vorstellen, deren sämtliche, durch eine Art kathartische Methode eingestimmte Mitglieder Dichter wären.*

Eine solche Interpretation höbe die Gesamtheit der Auswahl-

privilegien auf, wie sie bisher unter dem Namen Talent zusammengefaßt worden sind; und wenn sie die Rolle von Anstrengung und Arbeit bei der künstlerischen Schöpfung auch nicht leugnet, so verschiebt sie sie zumindest doch auf ein Stadium, das dem der Schöpfung im eigentlichen Sinne vorausgeht: auf das der schwierigen Suche und der Anwendung von Methoden zur Weckung eines freien Denkens.

2. Erhält man die vorstehende Interpretation aufrecht, stellt man a posteriori *doch fest, daß die von einer großen Zahl von Individuen stammenden Dokumente, wenn man sie denn aus dokumentarischer Sicht als Äquivalente betrachten kann (das heißt als die Resultate von gleichermaßen authentischen und spontanen mentalen Aktivitäten), es gleichwohl nicht aus künstlerischer Sicht sind, weil manche davon Genuß verschaffen, andere dagegen nicht. Da man fortfährt, das Kunstwerk als Dokument zu definieren (als Rohprodukt der Aktivität des Geistes), wird man die Unterscheidung gelten lassen, ohne sich an einer Erklärung zu versuchen (und ohne die dialektische Möglichkeit dazu zu haben). Man wird die Existenz von Poeten-Individuen und anderen feststellen, die es nicht sind, und zwar trotz der völligen Identität der Bedingungen ihrer jeweiligen Hervorbringungen. Jedes Kunstwerk bleibt auch weiterhin ein Dokument, aber es besteht aller Anlaß, bei diesen Dokumenten zwischen solchen zu unterscheiden, die auch Kunstwerke sind, und solchen, die nur Dokumente sind. Da aber beide als Rohprodukte definiert bleiben, wird diese sich* a posteriori *aufdrängende Unterscheidung an sich selbst als ursprüngliche Gegebenheit betrachtet, die sich ihrem Wesen nach jeder Interpretation entzieht. Die Spezifität des Kunstwerks wird anerkannt, ohne daß es möglich wäre, Rechenschaft davon abzulegen. Sie bildet ein »Mysterium«.*

3. Eine dritte Interpretation schließlich unterscheidet, wenn sie auch am Grundprinzip des unreduzierbar irrationalen und spontanen Charakters der künstlerischen Schöpfung festhält, zwischen dem Dokument als Rohprodukt der mentalen Aktivität und dem Kunstwerk, das immer in einer sekundären Bearbeitung besteht. Gleichwohl liegt auf der Hand, daß diese Bearbeitung nicht das

Werk des rationalen und kritischen Denkens sein kann; eine solche Möglichkeit muß radikal ausgeschlossen werden. Man darf aber voraussetzen, daß das spontane und irrationale Denken unter bestimmten Bedingungen und bei bestimmten Individuen ein Bewußtsein seiner selbst erlangen und wirklich reflexiv werden kann, wobei sich von selbst versteht, daß diese Reflexion sich im Sinne von Normen vollzieht, die ihr eigen und der rationalen Analyse ebenso unzugänglich sind wie die Materie, auf die sie angewendet werden. Diese irrationale »Bewußtwerdung« zieht eine bestimmte Bearbeitung des Rohstoffes nach sich, sie bringt sich durch Wahl, Auswahl, Ausschluß und Anordnung im Verhältnis zu gebieterischen Strukturen zum Ausdruck. Wenn jedes Kunstwerk auch weiterhin Dokument bleibt, überschreitet es den dokumentarischen Bereich doch nicht nur durch die Qualität der unzensierten Expression, sondern auch durch die Wertigkeit der sekundären Bearbeitung, die übrigens »sekundär« nur im Verhältnis zu den Basisautomatismen heißt, im Verhältnis zum kritischen und rationalen Denken aber dieselbe Eigenschaft von Unreduzierbarkeit und Ursprünglichkeit bietet wie diese Automatismen selbst.

Die erste Interpretation steht nicht in Einklang mit den Fakten; die zweite entzieht das Problem der künstlerischen Schöpfung der theoretischen Analyse. Die dritte dagegen scheint als einzige in der Lage zu sein, bestimmte Unklarheiten zu vermeiden, denen der Surrealismus nicht immer entgangen zu sein scheint, Unklarheiten in bezug auf das, was ästhetisch wertvoll ist und was nicht, was ästhetisch wertvoller ist und was weniger wertvoll. Nicht jedes Dokument ist zwangsläufig auch ein Kunstwerk, und alles, was auf diese Scheidung hinarbeitet, gilt ebenso für den Psychologen oder den Aktivisten, nicht aber für den Dichter, selbst wenn der Dichter auch Aktivist ist. Das Werk eines Schwachsinnigen hat ebenso große dokumentarische Bedeutung wie das von Lautréamont, es kann eine höhere polemische Effizienz haben, aber das eine ist ein Kunstwerk, das andere nicht, und man muß über das dialektische Mittel verfügen, sich über die Differenz Rechenschaft abzulegen, *ebenso wie über die Möglichkeit, daß Picasso ein größerer Maler ist als Braque, Apollinaire ein großer Dichter und Roussel nicht, Salvador Dalí ein großer Maler und gleichzeitig ein abscheulicher Schriftsteller, wobei diese Urteile nur als Beispiele*[1] *angeführt werden, aber auch Beispiele dieser Art, wiewohl vielleicht unterschiedliche oder gegensätzliche, müssen doch das absolut notwendige Ziel der Dialektik von Dichter und Theoretiker bilden.*

Da die Grundbedingungen der Hervorbringung von Dokument und Kunstwerk als identisch erkannt worden sind, können diese wesentlichen Unterscheidungen nur erarbeitet werden, wenn man die Analyse verschiebt – von der Produktion auf das Produkt und vom Autor auf das Werk.

Wenn ich diese handgeschriebene Notiz heute wiederlese, stört mich die Unbeholfenheit meines Denkens, ebenso die Schwerfälligkeit des Ausdrucks. Eine schwache Entschuldigung: natürlich schrieb ich das Ganze in einem Zug (mit nur zwei verbesserten Wörtern). Ich hätte es nur zu gern vergessen. Aber das hätte dem bedeutenden Text unrecht getan, den Breton mir als Antwort schickte. Ohne meine Notiz verstünde man nicht, worum es ihm geht.

In Bretons Manuskript sind ein Dutzend Wörter oder Satzteile durch sorgfältige Durchstreichungen unlesbar gemacht und durch eine neue Reinschrift im Zwischenraum ersetzt worden, bei der ebenfalls einige Zusätze auftauchen. Die den letzten, sehr weitgehend durchgestrichenen Zeilen hinzugefügten Korrekturen lassen kein Urteil darüber zu, ob Breton, bei weniger großer Eile, zum Abschluß zu kommen, für eine bessere grammatische Konstruktion optiert hätte oder sie absichtlich verworfen hat.

1 Sogar in dieser lediglich hypothetischen Formulierung erscheinen sie mir heute durchaus naiv. Mein Horizont von 1941 sollte sich durch den Kontakt mit den Surrealisten glücklicherweise erweitern.

Der Grundwiderspruch, den Sie hervorheben, ist mir nicht entgangen: er bleibt trotz meiner Anstrengungen und der einiger anderer, ihn zu reduzieren, *bestehen (aber er beunruhigt mich nicht, kann mich nicht in Verwirrung bringen, denn ich weiß, daß in ihm das Geheimnis der Vorwärtsbewegung liegt, die den Bestand des Surrealismus ermöglicht hat). Ja, natürlich, meine Positionen haben sich seit dem 1. Manifest merklich geändert. Im Rahmen solcher Programm-Texte, die dem sprachlichen Ausdruck keinerlei Vorbehalt, keinerlei Zweifel gönnen, deren wesentlich aggressiver Charakter jede Art von Nuance ausschließt, versteht es sich von selbst, daß mein Denken eine äußerst brutale, ja, simplistische Wendung zu nehmen bestrebt ist, die ich an ihm seinem Wesen nach sonst nicht kenne.*

*Dieser Widerspruch, der Ihnen auffällt, ist, wie ich glaube, derselbe wie der, den Caillois, ich sagte es Ihnen bereits, so ernsthaft hervorgehoben hat. Ich habe versucht, mich dazu in einem Text mit dem Titel »Die Schönheit wird konvulsivisch sein« (*Minotaure, *Nr. 5) zu erklären, der zu Beginn von* L'Amour fou *wiederaufgenommen wird. Ich gebe nämlich allmählich – und warum letztlich nicht? ich bin nicht der einzige – zwei ganz unterschiedlichen Verlockungen nach: die erste veranlaßt mich, im Kunstwerk einen Genuß zu suchen (das ist das einzig richtige Wort, auch Sie benutzen es, denn die Analyse dieses Gefühls bei mir liefert mir nur paraerotische Elemente); die zweite, die sich unabhängig von der ersten äußert oder auch nicht, drängt mich, es im Verhältnis zum allgemeinen Erkenntnisbedürfnis zu interpretieren. Diese beiden Versuchungen, zwischen denen ich auf dem Papier unterscheide, sind nicht immer deutlich trennbar (auch in mancher Passage von* Une saison en enfer *neigen sie dazu, ineinander überzugehen).*

Es versteht sich von selbst, daß, wenn jedes Kunstwerk aus der Perspektive des Dokuments betrachtet werden kann, sich das Umgekehrte doch durchaus nicht behaupten läßt.

Wenn ich Ihre drei Interpretationen nacheinander prüfe, ver-

spüre ich keinerlei Unbehagen, Ihnen zu sagen, daß ich mich nur der letzten absolut nahe fühle. Dennoch einige Worte im Zusammenhang mit den beiden ersten:

1. Ich bin nicht sicher, ob der ästhetische *Wert des Werkes von seiner mehr oder weniger großen Spontaneität abhängt. Ich hatte sehr viel mehr seine Authentizität als seine Schönheit im Blick, und die Definition von 1924 bezeugt das: »Denk-Diktat ... jenseits jeder* ästhetischen *oder ethischen Überlegung.« Es kann Ihnen nicht entgangen sein, daß die Weglassung dieses letzten Satzteiles dazu angetan gewesen wäre, den Autor automatischer Texte eines Teils seiner Freiheit zu berauben: es mußte damit begonnen werden, ihn vor jedem Urteil dieser Art in Schutz zu nehmen, wenn man vermeiden wollte, daß er dessen Zwang* a priori *erlitt und sich demzufolge verhielt. Bedauerlicherweise hat sich das nicht völlig vermeiden lassen (ein Minimum an Arrangement des automatischen Textes zum Gedicht: ich habe das in meinem Brief an Rolland de Renéville bedauert, der in* Point du jour *publiziert worden ist, aber es ist leicht, dieser Sorge Rechnung zu tragen und das ins Auge gefaßte Werk daraus zu abstrahieren.*

2. Ich bin mir der sehr großen qualitativen Differenz, die zwischen den verschiedenen, allesamt spontanen Texten, die man erhalten kann, besteht, nicht so sicher wie Sie. Für mich hat es immer den Anschein gehabt, daß das ausschlaggebende *Element von Mittelmäßigkeit, das sich einzuschalten vermag, der für viele Wesen nun einmal gegebenen Unmöglichkeit zu verdanken ist, die für diese Erfahrung erforderlichen Bedingungen auf sich zu nehmen. Sie geben sich damit zufrieden, einen zusammenhanglosen Diskurs aufzuzeichnen, dessen Gedankensprünge und Ungereimtheiten sie blenden, aber an leicht erkennbaren Zeichen läßt sich feststellen, daß sie nicht wirklich »ins Wasser gesprungen« sind, und das genügt, ihr vermeintliches Zeugnis auszuscheiden. – Wenn ich sage, daß ich dessen nicht so sicher bin wie Sie, dann vor allem deshalb, weil ich nicht weiß, wie das (allen Menschen gemeinsame)* Selbst *unter den Menschen aufgeteilt ist (gleichmäßig oder, wenn ungleichmäßig, in welchem Maße?). Einzig eine Untersuchung systematischer Art,* die die Künstler fürs erste beiseite läßt, *könnte uns zu diesem Aspekt Aufklärung verschaffen. Die hierarchische Wertung der surrealistischen Werke interessiert mich wenig (im Gegensatz zu Aragon, der früher behauptete: »Wenn Sie auf rein surrealistische Weise traurige Dummheiten schreiben, werden das eben traurige Dummheiten sein«); ebensowenig, und ich habe das bereits zu verstehen gegeben, wie die hierarchische Wertung der romantischen oder symbolistischen Werke. Meine eigene Klassifizierung dieser letztgenannten Werke unterschiede sich wohl grundlegend von der sonst gängigen, und vor allem werfe ich diesen Klassifikationen vor, daß sie uns die tiefe historische Bedeutung dieser Bewegungen aus dem Blick verlieren lassen.*

3. Erfordert das Kunstwerk immer *diese sekundäre Bearbeitung? Ja, zweifellos, aber nur in dem sehr weitgefaßten Sinne, in dem Sie sie verstehen: »irrationale Bewußtwerdung«; und weiter, auf welcher Bewußtseinsstufe vollzieht sich diese Bearbeitung? Jedenfalls befänden wir uns da nur im Vorbewußten. Sollten Hélène Smiths Produktionen im Trancezustand nicht für Kunstwerke gehalten werden können? Und wenn es nachzuweisen gelänge, daß bestimmte Gedichte Rimbauds schlicht und einfach Wachträume sind, gefielen sie Ihnen dann weniger? Verbannten Sie sie in die »Dokumenten«-Schublade? Die Unterscheidung bleibt für mich auch weiterhin willkürlich. Sie wird in meinen Augen sogar trügerisch, wenn Sie den Dichter Apollinaire dem Nicht-Dichter Roussel oder den Maler Dalí dem Schriftsteller Dalí gegenüberstellen. Sind Sie sicher, daß das erste dieser Urteile nicht allzu traditionalistisch ist, nicht zu sehr den alten »poetischen Plunder« in Rechnung stellt? Ich halte Dalí nicht für einen großen »Maler«, und zwar aus dem einleuchtenden Grund, weil seine Technik handgreiflich regressiv ist. Bei ihm ist es wirklich der Mensch, der mich interessiert, und seine poetische Deutung der Welt. Deshalb kann ich mich Ihrer Schlußfolgerung nicht anschließen (aber das wußten Sie ja bereits). Für seine Nicht-Anerkennung meinerseits sprechen andere, gebieterischere Gründe. Diese Gründe, ich wiederhole es, sind praktischer Art (Parteinahme für den histor. Mater.). Die Entlastung von der psychologi-*

schen Verantwortlichkeit ist notwendig für das Erreichen der Initialeinstellung, von der alles abhängt, sei es, aber die ethische und psychologische Verantwortlichkeit darüber hinaus: fortschreitende Identifikation des bewußten Ichs mit der Gesamtheit seiner Konkretionen (das ist sehr schlecht ausgedrückt), die als das Theater gelten, auf dem es sich zu produzieren und zu reproduzieren aufgerufen ist, Tendenz zur Synthese von Lustprinzip und Realitätsprinzip (Verzeihung, wenn ich in diesem Punkt noch immer meinem Denken treu bleibe); um jeden Preis Hinarbeit auf Übereinstimmung von außerkünstlerischem Verhalten und Werk: Anti-Valérysmus.

XXI

Als ich das letzte Kapitel des *Nackten Menschen* schrieb, hatte ich die großartige Seite vor Augen, die den *Essai sur l'inégalité des races humaines* beschließt. Gobineau kommt da auf das unausweichliche Verschwinden unserer Gattung zu sprechen: ein Ende, das völlig unzweifelhaft ist, weil »*die Wissenschaft* [...] *uns durch den Nachweis, daß wir angefangen, immer auch zugleich zu versichern (schien), daß wir enden müßten*«, und weil »*jene bereits vom Tode übermannten Alter*« bevorstehen, »*in denen der stumm gewordene Erdball – doch ohne uns! – seine Bahnen fühllos fortbeschreibt*«.[1]

Der Tonfall des Abschnitts und das Epitheton »fühllos« blieben meinem Gedächtnis eingebrannt. Ich habe mich davon beeinflussen lassen. Gleichzeitig aber drängte sich mir ein anderes, nicht bei Gobineau vorkommendes Epitheton mit eigentümlichem Nachdruck auf: »außer Kraft gesetzt«, *abrogé*, um eine Feststellung näher zu bestimmen.

Ich sah deutlich, daß es unangemessen war. Die Außerkraftsetzung ist ein Akt der öffentlichen, der Staatsmacht. Man setzt eine Regelung, ein Gesetz außer Kraft; eine Feststellung setzt man

1 »*... où le globe, devenu muet, continuera, mais sans nous, à décrire dans l'espace ses orbes impassibles*« (Gobineau; die hier zitierte dt. Übersetzung stammt von Ludwig Schemann: *Versuch über die Ungleichheit der Menschenracen*, 4 Bde., Stuttgart 1898–1901, IV, S. 322.). *Cf.* zu der Metathese *orbe – abrogé* die folgende Seite [A.d.Ü.].

nicht außer Kraft: man annulliert sie, diskutiert sie, bestreitet sie, erklärt sie für unwirksam … Gleichwohl war es dieses »außer Kraft gesetzt«, das sich mir beim Schreiben unwiderstehlich aufdrängte.

Der Grund für diesen seltsamen Zwang wurde mir erst mehrere Jahre später deutlich, als ich mich veranlaßt sah, ich weiß nicht mehr bei welcher Gelegenheit, die betreffende Seite von Gobineau wiederzulesen. Indem ich ihn nachahmte – allerdings aus beträchtlicher Ferne: man konnte es gar nicht merken –, hatte ich dieses »fühllos« beibehalten, das die »Bahnen« genauer bestimmt, war aber vor jener letztgenannten Vokabel zurückgeschreckt, aus Angst, meinem Text eine preziöse und etwas anachronistische Note zu verleihen.

Das verdrängte *orbe* [Bahn] aber hat sich das nicht gefallen lassen. Durch eine Transformation, die wie eine Art Miniatur den bei den Mythen beobachtbaren Transformationen ähnelt, war seine phonische Persönlichkeit unter meiner Feder wieder aufgetaucht, nachdem sie sich ganz einfach invertiert hatte: *abrogé*[1] enthält *b, r, o* anstelle von *o, r, b*. Einmal wahrgenommen, ist mir der Grund für diesen sprachlichen Fehler, den ich nicht hatte vermeiden können, evident vorgekommen, denn er legt einen der Mechanismen der literarischen Schöpfung bloß. Eine Ungenauigkeit hört auf, eine zu sein, wenn sie ihre eigene Logik hat, eine Logik, die ganz verschieden von der des Diskurses ist, in den sie sich eingeschlichen hat. Man faßt sie eher als originären Sprachgebrauch auf, der dem Ausdruck seine treffende Schärfe verleiht. Als Abwandlung des eigentlichen Sinnes nimmt das Wort eine ungewöhnliche Bedeutung an, die der Autor gar nicht beabsichtigt hatte. Er stellt sie fest, ohne sich überhaupt Rechenschaft davon abzulegen, daß diese semantische Neuerung mit Ursachen zusammenhängt, an denen das reflektierende Denken keinerlei Anteil hat.

1 *»[…], sauf, par quelques traits vite effacés d'un monde au visage désormais impassible, le constat abrogé qu'ils eurent lieu c'est-à-dire rien«* – »es sei denn, durch einige rasch verblaßte Züge einer Welt mit fortan unbewegtem Gesicht, die außer Kraft gesetzte Feststellung, daß sie stattgefunden haben, das heißt nichts«: der Schlußsatz der *Mythologiques* [A. d. Ü.].

Überblick über die Gegenstände

XXII

Ist der Realismus in der Geschichte der bildenden Künste der Konvention vorausgegangen, oder ist er ihr umgekehrt gefolgt? Das Thema war um die Wende dieses Jahrhunderts sehr im Schwange. Franz Boas zufolge wurde da ein falsch gestelltes Problem behandelt: »*Da diese beiden Tendenzen im menschlichen Geist stets gleichzeitig aktiv sind, ist es sehr viel wahrscheinlicher, daß beide Prozesse konstant am Werk gewesen sind und daß keine der beiden Theorien wirklich die historische Entwicklung der dekorativen Kunst darstellt.*« Sicherlich. Dennoch sieht man mit einiger Verblüffung, wie Boas in seiner berühmten Studie über die Nadelbüchsen der Eskimo in Alaska Seite um Seite auf den Nachweis verwendet, daß es die neueren Bildhauer gereizt hat, eine konventionelle Form in einem realistischen Sinne abzuwandeln, die bereits in prähistorischer Zeit von der Beringstraße bis nach Grönland existiert hat, wobei er gleichzeitig das »vollkommen dunkle« Problem des Ursprungs dieser konventionellen Form außer acht läßt, für die man keinerlei technische oder utilitaristische Rechtfertigung finden kann, die jedoch – wie die bildenden Künste Nordwestamerikas so häufig – eine stilisierte tierische Figur vergegenwärtigt, und zwar so, daß sie unkenntlich wird.

Hinter dem von Boas gebrandmarkten Scheinproblem verbirgt sich ein anderes. Die Kunst der schriftlosen Völker verweist nicht nur auf die Natur oder die Konvention oder beides. Sie verweist auch auf das Übernatürliche. Wir, die wir kein Übernatürliches mehr als Widerpart haben, ersetzen es durch konventionelle Symbole oder durch veredelte menschliche Figuren. Ob in Melanesien, an der Nordwestküste Nordamerikas oder anderswo, die konventionellen Darstellungen spielen zwar eine Rolle, aber sie treten nicht an die Stelle der Erfahrung. Sie liefern eine Art Grammatik, deren Regeln man bewußt oder unbewußt anwendet, um eine erlebte Realität zum Ausdruck zu bringen.

Die Sprache der Wintu, kalifornischer Indianer, unterscheidet zwischen Erfahrungstatsachen und Glaubensinhalten. Im Zusammenhang mit dem Übernatürlichen aber bringen sie sich stets in der grammatischen Kategorie der Erfahrung zum Ausdruck. Die Sprache schlägt die Phänomene und Ereignisse im Bereich der natürlichen Kausalität der Zahl derer zu, die unpersönlich und indirekt erkannt werden.

Ein Mythos der Oglala, also von Plains-Indianern, führt als Heldin ein junges Mädchen ein, das um so vollkommener war, als es aus dem Jenseits kam. Es verstand sich auf die Gerbung von Häuten, die sie weiß und geschmeidig machte; sie fertigte schöne Kleidungsstücke daraus, die sie mit prachtvollen Verzierungen bestickte. Jede davon hatte eine bestimmte Bedeutung: ein Bergmotiv auf den Seiten der Mokassins, damit der Träger von Gipfel zu Gipfel springen konnte, ohne in die Täler hinabsteigen zu müssen; auf den Oberseiten Libellen, damit er allen Gefahren entrinnen konnte; auf den Beinschonern Wolfspfoten, damit er nie ermüdete; und auf dem Umhang der Kreis der Zelte, damit er überall eine Zuflucht fand.

Wenn man die Kunst der Sioux-Völker kennt, weiß man, wie weit diese Motive, in der Mehrzahl geometrische Schemata, von Naturtreue entfernt waren (in einem Maße nämlich, daß die Informanten sie jeder auf andere, seine Weise deuteten). Sie wurden gleichwohl für Darstellungen von Wirklichkeiten gehalten, die denen der Alltagswahrnehmung überlegen waren.

In einem bestimmten Sinne, könnte man sagen, stellt sich das von Boas diskutierte Problem auch in der Musik. Die Volksmusik ist für die sogenannte Kunstmusik, was die dekorative für die darstellende Kunst ist. Im ersten Fall dieselbe Anlehnung an ein Trägerelement: die den Tanz begleitende Musik ist, was das Dekor für den Gegenstand ist; dieselbe Weise des Fortschreitens durch Bildung oder Wiederholung einfacher Elemente: Strophen, Refrains einerseits, wiederkehrende Motive andererseits; derselbe Charakter der Absichtslosigkeit.

Die Volksmusik geht der Kunstmusik zeitlich voraus. Man wäre also versucht, nach dem Analogieschema anzunehmen, daß auch die dekorative Kunst als erste in Erscheinung getreten ist. Die Parallele hält jedoch nicht stand angesichts des Faktums, daß die Musik im Unterschied zu den bildenden Künsten zu ihrer Entwicklung eines Notationssystems bedurfte, das heißt einer Schrift, die eine Mittlerrolle zwischen Konzeption und Aufführung spielt. Die Musik mußte, mit der oralen Tradition brechend, geschriebene Musik werden, um darstellende Kunst zu werden (nicht Darstellung von etwas anderem, sondern ihrer selbst): Kant mochte die Musik nicht; er stellte sie auf den niedrigsten Rang unter den schönen Künsten und machte ihr, neben anderen, den Vorwurf, sie störe die Nachbarn. Dennoch entsprechen auch die musikalischen Werke seiner Definition der Kunst als Zweckmäßigkeit ohne Zweck.

Sogar ohne Schrift hat der mündliche Ausdruck große Werke hervorgebracht, die anfangs dem bloßen Gedächtnis anvertraut wurden: homerische Hymnen, Heldenlieder, Mythen. Warum braucht die Musik eine Schrift, und sogar eine Schrift, die ihr und nur ihr eigen ist? Zweifellos deshalb, weil die orale Literatur jenem allgemeingebräuchlichen Instrument, nämlich der Sprache, durchaus angemessen ist, während die Musik eine Sprache erfordert, die *ihr* angemessen ist, ohne es doch immer vollständig sein zu können, nämlich wegen der Kontinuität des musikalischen Diskurses und der Diskontinuität, die jedem Notationssystem innewohnt.

Man kann von »primitiver« Kunst in zweierlei Bedeutung sprechen. Zunächst dann, wenn die Unzulänglichkeit von Knowhow und technischen Mitteln den Künstler hindert, das Ziel zu erreichen, das er sich gesteckt hat – sein Modell nachzuahmen –, und ihm lediglich erlaubt, es zu bezeichnen; das wäre unter anderem der Fall der Kunst, die wir »naiv« nennen. Dann aber auch, wenn das Modell, das dem Künstler geistig vorschwebt, übernatürlich ist und sich seinem Wesen nach den sinnlichen Darstellungsmitteln entzieht: durch Übermacht des Gegenstandes und nicht mehr durch Unzulänglichkeit des Subjekts; auch hier kann der Künstler nur bezeichnen. In verschiedenen Modalitäten illustriert die Kunst schriftloser Völker diesen letzteren Fall.

Die sogenannte Kunstmusik aber kumuliert diese beiden Aspekte. Sie emanzipiert sich, bei uns in der Moderne, in anderen Schriftkulturen in jeweils verschiedenen Epochen, und erringt sich Autonomie im Verhältnis zur Volksmusik, eine Autonomie, die mit anderen Aktivitätsformen verbunden ist und zur Struktur beiträgt, ohne sie zu konstituieren. Damit aber macht die Kunstmusik ihre Unterwerfung unter Zwänge nur noch manifester, unter Zwänge derselben Art wie diejenigen, die sich sei es gegen die »primitive« Kunst, sei es gegen die Kunst der »Primitiven« richten. Die Unzulänglichkeit der Mittel in bezug auf das anvisierte Ziel resultiert aus dem Abstand zu einem mit diskontinuierlichen Zeichen arbeitenden Schriftsystem, das aus früheren Zeiten ererbt ist und dem auch keine der seit mehreren Jahrhunderten vorgeschlagenen Reformen hat beikommen können: die Partitur bezeichnet die Musik, aber sie stellt sie nicht dar. Und die Instrumente, die eine obligate Mittlerrolle ausüben, um die Absicht des Komponisten zu verwirklichen, sind allesamt ebenfalls aus grauer Vorzeit ererbte und im Laufe der Zeit verfeinerte Apparate, ohne doch alle Arten konkreter Probleme vollständig lösen zu können, Probleme von Bau, Akustik, Materialwiderstand, Temperatur, Feuchtigkeit, mit denen der Ausführende, wie geschickt er auch sein mag – die Mehrdeutigkeit des Ausdrucks ist aufschlußreich –, immer nur *zusammensetzen* [*composer*] kann.

Das alles bildet einen ersten Aspekt. Ein anderer ist nicht mehr einem historischen Zustand der Musik, sondern dieser Kunstart insgesamt inhärent. Im Unterschied zur artikulierten Sprache hat die Musik kein Vokabular, das die Gegebenheiten der sinnlichen Erfahrung konnotiert. Daraus ergibt sich, daß sich das Universum, auf das sie sich bezieht, der Figuration entzieht und aus diesem Grunde – diesmal aber im wörtlichen Sinne – eine übernatürliche Realität hat: aus Klängen und Akkorden gebildet, die nicht in der Natur existieren und die die Alten in enge Beziehung zu den Göttern setzten.

So paradox das auch erscheinen mag, diese Merkmale der Musik und die Verspätung, die sie im Verhältnis zu den anderen Künsten auf sich nehmen mußte, um sich ihre Autonomie zu erringen, erklären, warum sie sogar noch bei uns eine »primitive« Kunst bleibt. Die Surrealisten waren nahezu alle taub für Musik. Ist der Grund dafür nicht der, daß sie in dieser Kunst, primitiv wie diejenigen, die sie liebten, aber, was die Musik betrifft, in ihrer Totalität primitiv, nichts sahen, dem sie sich widersetzen konnten, so wie es ihnen bei Malerei und Poesie freistand? Der Mangel an Widerpart brachte sie aus der Fassung.

Häufig kommt es in der Geschichte der Kunst vor, daß in bestimmten Perioden oder in bestimmten Bereichen die ästhetische Qualität sich mindert, wenn sich technisches Wissen und Geschick mehren. Vom alten Ägypten bis in die modernen Zeiten ließen sich die Beispiele häufen. Oder Kunst und handwerkliches Geschick gehen Hand in Hand wie bei Ingres. Aber das liegt gerade daran, daß Ingres (ich komme immer wieder auf diesen beispielhaften Fall zurück) bewußt abgelehnt hat (Delacroix warf ihm fehlende Naivität vor), was man zu seiner Zeit für technische Fortschritte hielt: Clairobscur, Modellierung (oder im Rückgriff auf das Verfahren, das damals als »gothisch« galt, »Lichtmodellierung«). Er selbst schmeichelt sich, *»sich der Schulen des 14. und 15. Jahrhunderts* [...] *mit mehr Nutzen bedient zu haben, als sie* [seine Verleumder] *wahrnehmen können«*. Daher der Vorwurf des Archaismus, den man ihm wie Poussin gemacht hat.

Aus den Problemen, die Boas in seinen bahnbrechenden Reflexionen über die Kunst der schriftlosen Völker so häufig beschäftigt haben, wird mit Vorliebe folgendes Beispiel herausgegriffen und zitiert: Ein Beinschoner [*legging*] der Thompson-Indianer aus Britisch-Kolumbien hat eine Fransenverzierung aus Lederstreifen, von denen manche naturbelassen, andere mit einer Schnur aus Knochenstückchen oder Glasperlen besetzt sind, und zwar auf zwei verschiedene Weisen angeordnet, die untereinander und mit den nichtperlenbesetzten Streifen abwechseln. Wenn die Beinschoner aber getragen werden, merkt Boas an, geraten die Streifen durcheinander, ob in Bewegung oder in Ruhestellung. Die Frau, die sie angefertigt hat, hat keinen sichtbaren Effekt zu erzielen versucht. Die Berechnungen, die sie angestellt, und die Sorgfalt, die sie aufgewendet hat, um sie in ihrer Arbeit zu berücksichtigen, können nur mit einer gewissen Lust an der Ausführung zusammenhängen. Der dekorative Rhythmus, von dem die Schönheit des Ausrüstungsgegenstandes herrührt, ist von derselben Art wie der Rhythmus der Schritte beim Tanz, der wiederholten Gesten bei der Abwicklung einer technischen Aktivität; allgemeiner noch: wie der regelmäßige Rhythmus der motorischen Gewohnheiten (so das Pendeln der Arme beim Gehen).

Regelmäßigkeit, Symmetrie, Rhythmus stehen für Boas also (wie bereits für Diderot) an der Basis jeder ästhetischen Aktivität. Aber Boas' Formalismus schließt aus, daß diese direkte oder indirekte Nachahmung physischer oder körperlicher Zwänge ihre Quelle in den Emotionen hat oder eine Botschaft vermittelt. Die emotive Besetzung, wenn sie denn existiert, legt sich darüber. Boas hat zweifellos recht, das sentimentale oder philosophische Geschwätz zu ächten, dem sich die Kunstkritik nur allzuoft überläßt. Paradox aber ist, daß sein Formalismus in den Bewegungen und Gesten eine naturalistische und empirische Grundlage sucht. Zwischen diesen beiden Extremen könnte, wie man von den Höhen und Tiefen in der Melodik Grétrys gesagt hat, ein Fuhrwerk durchgehen.

Es genügt, sich mit den detaillierten Analysen zu beschäftigen, die Boas der Verteilung der Motive und Farben bei peruanischen Textilien und anderen Kleidungs- und Schmucktypen gewidmet hat, damit das wirkliche Wesen des dekorativen Rhythmus in Erscheinung tritt. Es handelt sich immer und überall um eine Kombinatorik, mit der sich eine Befriedigung im intellektuellen Bereich verbindet.

Emile Benveniste hat nachgewiesen, daß der ursprüngliche Sinn von ῥυθμός im Griechischen *»charakteristische Anordnung* *der Teile in einem Ganzen«* ist. Aus einer räumlichen wird bei Platon eine zeitliche Konnotation, bei ebendem Platon, der den Begriff des Rhythmus auf die Bewegungen des Körpers bei Tanz und Gymnastik ausdehnt. Boas faßt wie seine Zeitgenossen die Etymologie gegenläufig auf, indem er den im räumlichen Sinne verstandenen Rhythmus von motorischen physiologischen Phänomenen ableitet, die sich in der Dauer abspielen. Man muß den Vorsokratikern recht geben: Im dekorativen Rhythmus herrscht die Idee des »Alles« vor, denn die Wiederkehr ist nur dann wahrnehmbar, wenn die rhythmische Zelle eine begrenzte Zahl von Elementen umfaßt. Wie soll man in einer finiten Sammlung von Elementen, die dem Zufall überlassen bleibt oder die der Bastler in seinem Krimskrams findet, eine Ordnung herstellen? Der Begriff des Rhythmus umfaßt die Reihe von Permutationen, die erlaubt sind, damit das Ganze ein System bildet. Das gilt für Materialien ebenso wie für Formen, für Farben wie für Dauerwerte, für Akzente wie für Klangfarben, für räumliche ebenso wie für zeitliche Orientierungen.

Zeitlich oder räumlich, die Periodizität spielt immer eine Rolle, denn die Wiederholung ist wesentlich für den symbolischen Ausdruck, der intuitiv mit seinem Objekt koinzidiert, ohne sich je mit ihm zu verquicken. Im Verhältnis zur symbolisierten Sache bildet das Symbol ein Ganzes, dessen Elemente andere sind als die in der Sache präsenten, zwischen denen jedoch dieselben Beziehungen existieren. Deshalb braucht das Symbol, um sich dauerhaft zu knüpfen, überdies eine physische Verbindung mit der Sache: es muß unter denselben Umständen regelmäßig wiederholt werden.

Durch Permutation der fünf Dauerwerte von wiederum fünf aufeinanderfolgenden Tönen schuf Wagner die Motive von Brünhilds Schlaf, des Waldvögeleins und der Rheintöchter. Auch andere Permutationen waren möglich: vielleicht wird man sie anderswo finden. Ob es dazu aber kommt oder nicht, man muß untersuchen, warum die Permutationen, die der Komponist ausgewählt und übrigbehalten hat, ein System bilden und andere nicht. Dasselbe im Falle der Perlen in einem Kollier oder an den

Fransen, der Farben und Motive in einem Gewebe. Mehrere Anordnungen waren möglich, die den Erfordernissen von Regelmäßigkeit, Rhythmus und Symmetrie entsprochen hätten. Das Problem liegt also nicht darin herauszufinden, ob es Regelmäßigkeit, Rhythmus und Symmetrie gibt, sondern warum der Künstler diese oder jene Konstellation von Regelmäßigkeit, Rhythmus und Symmetrie dieser oder jener anderen vorgezogen hat. Die Präsenz eines dekorativen Rhythmus wirft ein Problem auf, dessen Lösung man jenseits davon suchen muß.

Sogar unter den »primitiven« Künsten gehen manche auf der Suche nach einer Struktur mehr oder weniger weit. Die afrikanischen Künste beschränken sich in der Mehrzahl auf bloße Stilisierung. Zwar gibt es strukturale Transposition, aber sie verharrt im plastischen Bereich. Es ist, wenn man so sagen darf, die Struktur, die dem empirischen Objekt am nächsten steht, diejenige, die dem Realen unmittelbar zugrunde liegt. Es war also normal, daß die Negerkunst der westlichen Kunst auf der Suche nach Erneuerung als erste zugänglich wurde; aber sie bleibt auch die begrenzteste.

Auch die Kunsttheorien gehen mehr oder weniger weit. Noch viel leidigere Konsequenzen ergeben sich, wenn diese Kunst oder jenes Werk sich bewußt von einer Theorie beeinflussen lassen. Damit ein Stil in Erscheinung treten kann, der Dauerhaftigkeit verspricht, darf sich die Intelligenz des Künstlers nicht bemühen, den Abstand zwischen der Welt und der Weise, sie darzustellen, zu überspringen. Darius Milhaud schrieb um 1920 angeblich Fugen, in denen er bewußt ein Naturgesetz anwendete. Als Marcel Duchamp seinen *Akt, eine Treppe hinabsteigend* malte, war er sich deutlich bewußt, daß er sich dabei auf die Zeitlupenphotographie bezog. Solche Werke büßen mit einem Schlage alle Substanz ein, sie verraten, daß sie sogar im Akt ihres Selbstausdrucks nichts mehr zu sagen haben.

Als umgekehrt die Heraldik die Kronen erfunden hat, konnte sie nicht wissen, daß diese Gegenstände mit ihrer Form sehr flüchtige Zustände der Materie reproduzierten. Eine Grafenkrone bietet das genaue Abbild des Spritzers, den ein Tropfen

Milch hervorruft, wenn er in diese Flüssigkeit fällt, aber damit man das merkt, mußte erst die Zeitlupenphotographie erfunden werden. Ebenso wußten diejenigen, die die Königs- und Herrscherkronen entwarfen, nicht und aus gutem Grund nicht, daß die Explosion einer Atombombe ihnen in einem Sekundenbruchteil einen Prototyp liefern würde, den die Natur bisher geheimgehalten hat.

Ohne daß die Künstler, die sie erdachten, auch nur die geringste Vorstellung davon haben konnten, resultieren die Kronen aus einer intuitiven, mit allen Zeichen der Divination ausgestatteten Wahrnehmung von instabilen Zuständen der Materie. Erstaunlicher noch, ihre Hierarchie reproduziert die Hierarchie der Grade wesenseigener Instabilität – von Flüssigkeit bis Gasförmigkeit – der Materie im Sinne der Lehren der Physiker. Der menschliche Geist war in der Lage, diese Formen und ihre Beziehungen zueinander zu konzipieren, lange bevor ihm ihre reale Existenz enthüllt wurde.

XXIII

Wir bringen Werken der Korbflechterei keine hohe Wertschätzung mehr entgegen. Man sieht sie in unseren Museen nicht neben denen von Malerei und Bildhauerei ausgestellt, auch nicht neben Exponaten von Hausrat oder angewandten Künsten. Bereits im 18. Jahrhundert gab die *Encyclopédie* ein hellsichtiges Urteil über diese Ausmusterung ab: *»Diese Kunst ist sehr alt und sehr nützlich: Die Wüsteneremiten und die frommen Einsiedler übten sie in ihren Klausen aus und bezogen daraus den größten Teil ihres Lebensunterhaltes: sie lieferten damals sehr feine Arbeiten, die auf den Tafeln der Großen Verwendung fanden, wo man sie aber heute kaum mehr sieht, weil sie ihren Platz den Glasgefäßen haben räumen müssen.«* Wer kennt heute noch Worte wie *mandrerie* [Korbwaren ohne Reifen oder Stäbe], *closerie* [dichte Flechtarbeit], *faisserie* [durchbrochene Flechtarbeit] oder *lasserie* [besonders feine Korbwaren], wie sie die vier Hauptarten von Arbeiten bezeichnen, die die Kunst der Flechterei umfaßt?

»Die Korbflechterei«, sagt ein Jahrhundert später eine andere Enzyklopädie, *»benutzt Rohstoffe, die von der Natur im Überfluß und beinahe alle fertig vorbereitet geliefert werden und die zu ihrer Verarbeitung nur eine gewisse manuelle Geschicklichkeit und wenig oder gar keine Werkzeuge erfordern.«* Sie ist auch starkem Verschleiß unterworfen – allesamt Gründe, die die Ungunst erklären, in der sie steht.

Bei den schriftlosen Völkern dagegen nimmt diese Kunst einen hohen, häufig sogar den höchsten Rang ein: Die Korbflechterei bietet sich für unzählige Verwendungsarten an und erreicht einen Grad von Vollkommenheit, dem wir nicht mehr gleichzukommen verstehen. In den Händen von Spezialisten bildete die Korbflechterei eine gehobene Kunst, die, beispielsweise bei den Plains-Indianern, das Privileg von Eingeweihtenkreisen war.

Gleichwohl legen die Glaubensinhalte und Rituale dieser Völker der Kunst der Korbflechterei eine gewisse Mehrdeutigkeit bei. Die bewundernswertesten Flechter, die Amerika gekannt hat, lebten im Westen der Rocky Mountains, in Kalifornien, Oregon, Britisch-Kolumbien und Alaska. Einem ihrer Mythen zufolge hatte ein gelungener Korb zwei Forderungen zu genügen: er mußte vollkommen wasserdicht sein (in dieser Region, in der man keine oder wenig Töpferwaren herstellte, dienten die Körbe aus Spiralflechterei, das heißt einer sehr festen Machart, als Behälter für Wasser und andere Flüssigkeiten; man tauchte am Feuer erhitzte Steine hinein, um die Lebensmittel zu kochen); und er mußte auf der Ummantelung ein dekoratives Motiv tragen wie das, dessen Offenbarung der ersten Flechterin zuteil wurde, als sie die Sonnenstrahlen auf der Oberfläche eines kleinen Wasserrinnsales spielen sah.

So stellt der Mythos zwei Aspekte auf dieselbe Ebene, einen funktionalen und einen anderen, den wir dekorativ nennen würden. Aber ist dieses letztere Wort angemessen? Die Mythen der Pomo in Kalifornien erregen Zweifel daran.

Die Geister der Körbe, sagen sie, wohnen in dem geflochtenen Dekor: es ist ihr Dorf. Deshalb muß dieses Dekor eine »Tür« enthalten: ein absichtlicher, häufig kaum sichtbarer Webfehler, der die Kontinuität des Motivs durchbricht und es dem Geist des Korbes, wenn er stirbt, zu entweichen ermöglicht, um einen himmlischen Aufenthaltsort zu erreichen. Eine Frau, die es versäumt hatte, für eine »Tür« auf ihrem Korb zu sorgen, wurde von dem eingesperrten Geist zum Tode verurteilt. Der gerührte Demiurg willigte ein, daß die Flechterin und der Geist des Korbes gemeinsam gen Himmel auffahren durften.

Daß die hergestellten Gegenstände von ihren Geistern bewohnt werden, kommt nicht selten vor. Daß man ihnen ein Schlupfloch als Ausgang bereithalten muß, zeigt, daß sie besonders gefährdet sind. Der Korb repräsentiert einen Zustand instabilen Gleichgewichts zwischen Natur und Kultur: der Natur nahe durch die im Überfluß vorhandenen Materialien, die sie ganz oder doch beinahe ganz fertig liefert, durch den geringen Aufwand an erforderlicher Arbeit (ich werde auf diesen Aspekt näher zu sprechen kommen) und durch eine begrenzte Haltbarkeit, die ihn für den Ausschuß bestimmt; zeitweilig aber auch in die Kultur integriert durch die Machart und den Gebrauch, für den er ausersehen ist.

Im Wald oder Dickicht habe ich häufig gesehen, wie ein Indianer, um eine Fuhre von wilden Pflanzen oder eine Jagdbeute abzutransportieren, eine Palme abholzte, ihre Wedel abschnitt und sie an Ort und Stelle zusammenflocht. Er stellte so aus Grünzeug einen Korb her, den er unmittelbar nach der Rückkehr ins Lager wieder wegwarf, denn dieses improvisierte Verpackungsmaterial ist wenig haltbar. Zweifellos handelt es sich dabei um einen Extremfall im Vergleich zu jenen Meisterwerken, wie sie die Körbe aus Spiralflechterei in Nordamerika darstellen, die genäht anstatt geflochten werden, deren Herstellung eine erfahrene Arbeiterin mehrere Tage kostet und die häufig sogar die Generation überdauern, die ihre Fertigung miterlebt hat. Wenig haltbar waren bei denselben Völkern dagegen die weichen Körbe, die benutzt wurden, um darin die häuslichen Habseligkeiten zu verwahren.

Die in der Region ansässigen zahlreichen kleinen Populationen stellten nicht alle dieselbe Art von Körben her, und ihre Verwendungsweise variierte von einer zur anderen. Aber trotz dieser Verschiedenheit hat es den Anschein, daß die Körbe von Oregon bis Britisch-Kolumbien in zwei Kategorien eingeteilt wurden: in harte und weiche Körbe, ein Gegensatz, den die Sprache der Thompson-Indianer (aus der Salish-Sprachfamilie) sehr hübsch durch eine phonetische Symbolik wiedergibt: *kwetskwetsä'ist* für die feste Flechterei, *lepalepä'ist* für die lockere.

Ein Gegensatz, auf dem auch die Mythologie beharrt. Die Indianer der Sahaptian-Sprachgruppe sprechen von Weich-Körben, einem Volk von Menschenfresserinnen, die Kinder stehlen und verspeisen. Bei den benachbarten Chinook finden sie ihre Analogie in der Person der »Menschenfresserin mit Kiepe«, die im Ober-Chinook denselben Namen trägt, mit dem das Sahaptian die Weich-Körbe bezeichnet. Die Salish vom Puget Sound – die ein gefährliches Volk von Körben kennen – nennen dieselbe Person Schnecken-Frau, weil sich ihr Korb nach ihrem Tode in das Gehäuse dieses Gastropoden verwandelte. Eine solche Gastropoden-Gehäuseschale zerdrücken macht kannibalisch. Die Indianer beschreiben mit größter Genauigkeit die Art und Weise, wie der Korb der Menschenfresserin geflochten ist, nämlich ähnlich denen, die sie selbst tragen, um *clams* zu sammeln, das heißt fest genug, um sich für diese grobe Verwendungsart zu eignen.

Bestimmte Mythen erzählen, wie der Demiurg, der Betrüger-Gott oder ein Kulturheros eine dieser Menschenfresserinnen in einer Feuersbrunst oder durch andere Mittel zugrunde gehen ließ. Mehrere Arten von feindseligen, wenn auch weniger feindseligen Körben geben diesen Kannibalen das Geleit. Den Pomo zufolge (die, wie man sich erinnert, im Dekor der Flechtarbeiten eine Art Ausgangstür für die Geister der Körbe bereithalten) stieß der Betrüger-Gott auf ein Volk von Körben: *»von Körben aller Arten, und das waren Menschen«*. Da sie ihm jeden Dienst verweigerten und hierhin und dorthin entwischten, wenn er sie ergreifen wollte, zerbrach der wütende Betrüger-Gott sie in Stücke. Die Chehalis, Küsten-Salish, erzählen, daß ihr Kulturheros in grauer Vorzeit allen Grund hatte, sich über bestimmte Männer-Körbe zu beklagen: sie marschierten von ganz allein, ließen sich aber von der Bergeshöhe in den Fluß rollen, wo die getrockneten Lachse, mit denen sie gefüllt waren, wieder lebendig wurden und davonschwammen. Der Heros verfügte, daß die Körbe sich fortan nicht mehr von allein bewegen können und die Menschen selbst die Mühe auf sich nehmen sollten, sie zusammen mit ihrer Last zu tragen.

Im ganzen Nordwesten Nordamerikas steht das Motiv der kannibalischen Körbe in enger Verbindung zu dem der Menschenfresserin, die unter dem Vorwand, man wolle sie verschönern, getötet wird (das Kind, das sie gefangen hat, überredet sie, eine in Wirklichkeit tödliche Behandlung über sich ergehen zu lassen, um ebenso weiß oder ebenso hübsch zu werden oder fähig, ebenso angenehme Laute von sich zu geben wie es selbst). Das Motiv ist typisch für die sogenannten niederen Kulturen von Südamerika, vor allem bei den Gê. Diese Rekurrenz reizt zu der Frage, ob es auch in Südamerika Parallelen zur Mythologie der Körbe gibt.

Bei den Sahaptin in Nordamerika ist Frau Weich-Korb nicht nur eine Menschen*fresserin*: sie verführt die Männer auch und trennt ihnen mit ihrer gezähnten Vagina den Penis ab. In Südamerika berichtet die von León Cadoga gesammelte große Guaraní-Genesis neben anderen Ereignissen, daß der Demiurg eine Kiepe in eine Frau verwandelte, die er adoptierte. Er gab sie dem Menschenfresser Charia zur Ehe. Der nahm sie mit in sein Dorf, auf dem Wege aber schlief er mit ihr, und dieser Beischlaf zerriß ihm den Penis in Stücke. Charia schlug die Frau, sie verwandelte sich auf der Stelle in eine Kiepe zurück. Obwohl der Text das nicht ausdrücklich sagt, kann man daraus schließen, daß sie, wie die nordamerikanische Korb-Frau, eine *vagina dentata* hatte. Eine Guayaki-Version, die Clastres, der sie gesammelt hat, selbst für zweifelhaft hält, erzählt, daß Sonne, vom Menschenfresser aus einer Falle gerettet, in die er geraten war, eine Kiepe flocht und sie in eine Frau verwandelte, die er dem Menschenfresser zum Geschenk machte, wenn auch nicht ohne die Empfehlung, sie nicht zu oft ins Bad mitzunehmen. Der Menschenfresser schlug Sonnes Rat in den Wind, die Frau verschwand im Wasser und tauchte, erneut zur Kiepe geworden, weit entfernt wieder auf.

Aus diesem Bericht schließt Clastres, daß die Guayaki in der Kiepe eine Metonymie der Frau sehen. Das ist etwas zu kurz gegriffen, denn in einem Mythos der amazonischen Tupí, nahen Nachbarn der Guaraní, wird man Zeuge der Verwandlung eines Korbes in einen Jaguar (dessen geflecktes Fell, das an die Schlingen eines Korbes erinnert, ebenfalls keine zureichende Erklärung liefert), und der Jaguar ist ein männermordendes Geschöpf, gleichsam eine Frau mit gezähnter Vagina.

Die zweifelhafte Guayaki-Version hat übrigens wohl ein sehr viel deutlicheres Gegenstück bei den Pomo in Kalifornien, auf die ich bereits mehrfach verwiesen habe. Die erste, reichdekorierte Kiepe wurde von Frosch in einen See geworfen, bevor er sie noch richtig fertiggestellt hatte. Die Kiepe wurde zu einem Dämon, der jede unpäßliche Frau mit Krankheit schlägt, die ihn sieht, wenn sie vorbeikommt. Vom einen Ende der Neuen Welt zum anderen lassen sich so mehrere Stufen einer Transformation aufstellen. Eine Korb-Frau, die das Geschlecht der Männer mit Blut befleckt und sie damit krank macht, wird zu einem Korb-Herrn, der die Frauen mit ihrem (bereits) blutbefleckten Geschlecht krank macht. Und in Paraguay wie in Kalifornien darf ein unvollständig verwandelter Korb (sei es von einem Mann in eine Frau, sei es von einer Frau in ein fertiges Werk verwandelt) nicht ins Wasser gestellt werden, während, zumindest in Kalifornien, die Probe, ob man Wasser in einen Korb schütten kann, beweist, daß er gut gemacht ist.

Wie die Mythen aus Nordamerika bringen auch die südamerikanischen bösegesonnene Korb-Völker ins Spiel. Die Tacana in Bolivien erzählen, daß die Körbe, entrüstet über den Mangel an Aufmerksamkeit seitens der Menschen, die sie den Tieren überließen oder sie gar ins Feuer warfen, wenn sie aus dem Verkehr gezogen wurden, sich ihrer Lasten entledigten und in den Wald flohen. Die Menschen wußten nicht mehr, wo sie ihre Sachen verwahren sollten; die Vorräte schleiften am Erdboden umher. Bekümmert über diese Unordnung, kehrten die Körbe ins Dorf zurück.

Alle diese Mythen sind offenbar eng verwandt mit jenen anderen über Gegenstände, die sich gegen ihre Herren auflehnen, wie sie übrigens auch bei den Tacana vorhanden sind und von denen man alte Formen bei den Maya und den Andenvölkern kennt. Gleichwohl sind die sich empörenden Gegenstände im allgemeinen fest und hart: Töpferwaren, Mühlsteine, steinerne Mörser und Stößel (in anderen Versionen Hunde und Tiere vom Hühnerhof; manchmal wilde Tiere), die den Menschen ihre Grausamkeit vorwerfen. Sie verbünden sich und vertilgen sie. Im *Popol Vuh*, dem heiligen Buch der Maya, bedeutet das das Ende der ersten Schöpfung: daraufhin entsteht eine neue Menschheit. Sehr viel einfallsreicher empfanden die letzten Steinmetzen und Schleifer von Steinwerkzeugen, die man in Neuguinea beobachten konnte, Mitleid mit dem Geschick ihrer Äxte, wenn die, abgenutzt oder zerbrochen, den Dienst verweigerten, wenn sie Bäume im Wald fällen sollten. Sie ließen sie nicht an Ort und Stelle liegen, sondern trugen sie ins Dorf zurück, wo sie einen verdienten Ruhestand genießen durften. Umgekehrt ist es verblüffend zu sehen, daß die Mythen über die Flechtkunst die Weichheit und geringe Haltbarkeit der Körbe hervorheben. Für die Tacana ist der übernatürliche Meister der Korbflechterei mit einem Körper in Gestalt eines Korbes aus grünen Blättern ausgestattet, das heißt eines Korbes, den man kaum mehr als ein Mal benutzen kann.

Beinahe überall in der Neuen Welt hält man die Körbe für besonders empfindliche Wesen. Sie kommen aus der Natur und sind, nachdem sie den kulturellen Status von manchmal notdürftiger handwerklicher Arbeit erhalten haben, dazu bestimmt, wieder in die Natur einzugehen. Ihre mehr oder weniger große Hinfälligkeit steigert sich noch, weil man ausgediente Korbflechtereierzeugnisse nicht in anderer Form wiederverwenden kann. Ihre Ausmusterung aber bleibt eine bedeutungsschwere Tat: selbst außer Gebrauch behalten sie etwas von ihrer kulturellen Würde; sie flößt auf diffuse Weise Respekt ein, man zögert zu malträtieren, was von Gegenständen übrigbleibt, die früher aufs engste mit der Person ihres Benutzers verbunden waren. Von den weichen, auf dem Rücken getragenen Körben, die noch jüngst von den Kalapuya (einer isolierten Sprachgruppe im Süden der Mündung des Columbia River) zum Sammeln und Lesen benutzt wurden, sagte ein eingeborener Informant: *»Da war etwas, das die Frauen ständig bei sich trugen.«*

Wie die Körbe, die ihre beste Zeit hinter sich und ausgedient haben, sind auch die Leichname Überreste, die ihre Seele oder ihre Seelen (oder bei den Körpern ihre Geister) sich zu verlassen weigern. In Amerika existiert übrigens für die Körbe ein Äquivalent oder annäherndes Äquivalent der Bestattung: Wenn der

Geist des Korbes stirbt, sagen die Pomo, bleibt er noch vier Tage lang auf Erden und fährt erst dann gen Himmel auf.

Volkstümliche japanische Vorstellungen zielen in die entgegengesetzte Richtung. Die weggeworfenen Gegenstände und Werkzeuge verwandeln sich zwar in übernatürliche Geister, aber es ist geboten, diese alten Dinge zu verbrennen oder sich ihrer jedenfalls zu entledigen. Ein Reisender, der in einem nicht mehr benutzten Tempel Zuflucht gesucht hatte, wohnte nachts als Zeuge dem Tanz einer alten Getreideschwinge, eines Stoffvierecks (*furoshiki*: zum Transport der Lasten und Bündel) und einer verschlissenen Trommel bei: *»Da sieht man, was passiert, wenn man diesen alten Plunder wegzuwerfen vergißt.«* Zwischen Gestern und Heute, zwischen Heute und Morgen muß eine Grenze errichtet werden wie von jener mir gegenüber zitierten japanischen Dame (aber der Fall ist wahrscheinlich nicht außergewöhnlich), die jeden Tag große Wäsche machte, aus Furcht, schmutzige Kleidungsstücke zu hinterlassen, wenn sie plötzlich stürbe.

Wir stehen immer vor der folgenden Wahl: mit der Vergangenheit zu brechen, selbst der jüngsten; oder an alten Kleidern festzuhalten – aber wie lange? –, an alten Dingen, die einen Platz in unserem Leben innehatten und für uns gleichsam dahingegangene Freunde geworden sind. Baudelaire:

O mes bottes! rentrez au fond de cette armoire
Qui va vous servir de cercueil.[1]

1 »O meine Stiefel! Kehrt zurück in die Tiefe dieses Schrankes, / Der Euch als Sarg dienen wird« – die Schlußzeilen aus Baudelaires Gedicht *Élégie refusée aux jeux floraux* von 1851, veröffentlicht 1888, also nicht in den *Fleurs du mal* enthalten [A.d.Ü.].

XXIV

Bei den Plains-Stämmen Nordamerikas schmückten die Männer Bisonfelle oder andere Malgründe mit gegenständlichen Szenen oder abstrakten Mustern. Den Frauen blieb die Stickerei mit Stachelschweinborsten vorbehalten. Stacheln verschiedener Länge und Festigkeit glattdrücken, geschmeidig machen, färben; sie biegen, verknoten, ineinanderschlingen, flechten, vernähen – das alles bildete eine diffizile Technik, die eine jahrelange Lehrzeit erforderte. Die scharfen Stacheln konnten Wunden verursachen und sogar Blindheit, wenn sie einem wie kleine Federn in die Augen sprangen.

Scheinbar rein dekorativ, waren diese Stickereien geometrischen Stils doch mit Bedeutung besetzt. Die Stickerin hatte ihren Inhalt und ihre Form eingehend vorherbedacht oder sie gar entweder im Traum oder in einer Vision gezeigt bekommen, die ihr von einer doppelgesichtigen Gottheit geschickt worden waren, der Mutter der Künste. Wenn die Göttin einer Frau ein Motiv eingegeben hatte, konnten ihre Gefährtinnen es kopieren, und es fand Eingang ins Repertoire des Stammes. Aber die Schöpferin selbst blieb eine Ausnahmepersönlichkeit.

»*Wenn eine Frau von der Doppelgesichtigen Herrin geträumt hat*«, erzählte vor beinahe einem Jahrhundert ein alter Indianer, »*kann fortan niemand, und was er auch unternimmt, mit dieser Frau mehr wetteifern. Aber sie führt sich als ausgemachte Närrin auf. Sie lacht impulsiv und handelt auf unvorhersehbare Weise. Sie verhext die Männer, die sich ihr nähern. Deshalb nennt man diese Frauen auch Doppel-Frauen. Sie schlafen wahllos mit jedermann. Bei allen Arbeiten aber lassen sie sich von niemandem übertreffen. Sie sind erstaunliche Stickerinnen mit Stachelschweinborsten, eine Kunst, in der sie große Geschicklichkeit entwickelt haben. Sie verrichten auch Männerarbeiten.«*

Dieses erstaunliche Porträt der genialen Künstlerpersönlichkeit läßt die romantische Vorstellungswelt ebenso weit hinter sich wie, im weiteren Verlauf des Jahrhunderts, das Klischee des verdammten Dichters oder Malers mit allen seinen pseudophilosophischen Weiterungen über die Beziehungen zwischen Kunst und Wahn. Da, wo wir uns im figurativen Sinne verständigen, drücken sich die schriftlosen Völker im wörtlichen Sinne aus. Es genügt zu transponieren, damit wir sie weniger weit von uns entfernt oder uns näher bei ihnen sehen.

Im Westen Kanadas, bei den Tsimshian an der Pazifikküste, bildeten die Maler und Bildhauer eine Sonderkategorie. Der Kollektivname *gitsontk*, mit denen man sie bezeichnete, vergegenwärtigte das Mysterium, von dem sie umgeben waren. Der Mann, die Frau, ja sogar das Kind, das sie bei der Arbeit überrascht hätte, wäre auf der Stelle zu Tode gebracht worden. Man kennt gutbezeugte Fälle. In diesen stark hierarchisch strukturierten Gesellschaften war die Künstlerwürde unter den Adeligen bzw. Häuptlingen erblich, man konnte sie aber auch einem gemeinen Mann verleihen, dessen Begabung man erkannt hatte. Adeliger oder Gemeiner, der Novize hatte sehr lange und sehr gewichtige Initiationsprüfungen über sich ergehen zu lassen. Der derzeitige Würdenträger mußte seine magische Gabe in den Körper seines Nachfolgers hineinprojizieren. Dieser Nachfolger verschwand dann, vom Schutzgeist des Künstlers entführt, in den Wolken. In Wirklichkeit hielt er sich eine gewisse Zeit lang im Wald versteckt, bevor er, mit seinen neuen Kräften ausgestattet, wieder in der Öffentlichkeit auftrat.

Denn die einfachen oder vielteiligen Masken, die allein die Künstler zu tragen das Recht und herzustellen das Talent hatten, waren furchterregende Wesenheiten. Dem Zeugnis eines gebildeten Indianers zu Beginn dieses Jahrhunderts zufolge hatte ein übernatürlicher Geist namens Kochende-Worte [*Boiling Words*] einen *»Hundekörper. Der Häuptling des Stammes trug seine Maske nicht auf dem Gesicht oder auf dem Kopf, weil die Maske ihren eigenen Körper hatte, und man hielt sie für ein überaus schreckliches Wesen. Es war schwierig, ihr Pfeifen ertönen zu lassen, niemand versteht sich heute mehr darauf. Man pfiff nicht mit dem Mund, sondern mußte den Finger auf eine bestimmte Stelle legen. Von diesem Wesen wußte man lediglich, daß es einen Felsen im Gebirge bewohnte. Es gab einen eigenen Gesang für die Maske, aber die Maske selbst hielt man versteckt. Nur die Kinder des Oberhäuptlings und die des Häuptlings eines Nachbarstammes kannten sie. Schrecklich aber war, selbst für sie, die Stimme von Kochende-Worte; die gemeinen Leute versetzte sie in namenloses Entsetzen. Die Prinzen und Prinzessinnen waren stolz darauf, daß man ihnen erlaubte, die Maske zu berühren. Das Recht, sie zu tragen, war sehr teuer.«*

Die Künstler waren auch damit betraut, die Häuserfassaden und die verstellbaren inneren Schiebetüren zu schmücken, die emblematischen Totempfähle und Masten zu skulpieren und die rituellen und Prunkgegenstände herzustellen. Vor allem aber oblag es ihnen, die Bühnenmaschinen zu entwerfen, auszuführen und zu handhaben, die den sozialen und religiösen Zeremonien in dieser Region Amerikas das Gepränge von großartigen Schauspielen verliehen. Sie fanden unter freiem Himmel oder in den weitläufigen, aus einem einzigen Saal bestehenden Gebäuden statt, in denen mehrere Familien wohnten und die ganze Scharen von Eingeladenen beherbergen konnten.

Ein Eingeborenenbericht, der ins letzte Jahrhundert zurückzudatieren ist, beschreibt eine Séance, in deren Verlauf das Herdfeuer inmitten eines dieser Säle, wie gegen Ende der *Götterdämmerung*, plötzlich durch einen aus den Tiefen aufsteigenden Wasserschwall ausgelöscht wurde. Ein Wal in natürlicher Größe tauchte auf und blies seinen Atemstrahl durch die Spritzlöcher. Dann tauchte er wieder unter, das Wasser verlief sich, und auf dem jetzt abgetrockneten Boden wurde erneut das Herdfeuer entzündet.

Den Erfindern und Regisseuren dieser wunderbaren Maschinenschauspiele ließ man keinerlei Ungeschicklichkeit durchgehen. Boas veröffentlichte 1895 einen Bericht über eine Zeremonie, deren Clou, wenn ich so sagen darf, die Rückkehr eines Mannes zu den Seinen gewesen sein muß, von dem man glauben sollte, er habe auf dem Meeresgrund gelebt. Die am Strand versammelten Zuschauer sahen einen Felsen auftauchen, der sich spaltete und aus dem der Mann hervortrat. In einem Wald versteckte Maschinisten handhabten die Apparatur von weitem an langen Seilen. Zweimal hatten sie Erfolg (denn man verlangte Dacapos). Beim dritten Mal aber verwickelten sich die Seile, der künstliche Felsen ließ sich nicht mehr zum Auftauchen bewegen, und der Mann ertrank. Ungerührt verkündete seine Familie, er habe sich entschlossen, auf dem Meeresgrund wohnen zu bleiben, und das Fest ging wie geplant weiter. Aber nach der Abreise der geladenen Gäste kamen die Angehörigen des Verstorbenen und die für das Desaster Verantwortlichen zusammen und stürzten sich, durch ein langes Seil miteinander verbunden, von der Höhe der Steilküste ins Meer.

Man erzählte überdies, daß die Künstler, um die Wiederkehr eines Initiierten zur Erde zu inszenieren, aus Seehundfellen einen Wal konstruiert hatten, der mit Hilfe von Seilen in Bewegung versetzt wurde. Um mehr Realismus zu erzeugen, brachten sie im Innern des Tieres Wasser zum Kochen, indem sie glühendheiße Steine hineintauchten, damit der Dampf aus den Spritzlöchern strömte. Ein Stein fiel daneben, brannte ein Loch in die Walhaut, und das Tier »leckte« und versank. Die Organisatoren der Zeremonie und die Urheber der Maschine begingen Selbstmord, wohl wissend, daß sie andernfalls von den Hütern dieser Mysterien gewaltsam zu Tode gebracht worden wären.

Diese Berichte stammen von den an der Nordküste von Britisch-Kolumbien lebenden Tsimshian-Indianern. Ihre Nachbarn, die Haida von den genau vorgelagerten Reine-Charlotte-Inseln, sprechen in ihren Mythen von auf dem Meeresgrund oder im Herzen der Wälder gelegenen Dörfern, die von einem Volk von Künstlern bewohnt werden. Dank einer zufälligen Begegnung lernten die Indianer von ihnen malen und bildhauern. Auch diese Mythen schreiben den schönen Künsten also einen übernatürlichen Ursprung zu.

Bei den Zeremonien aber, für die ich hier einige Beispiele zitiert habe, ist alles künstlich und gestellt: von der feierlichen Sitzung, bei der der Initiator behauptet (und es, bis zu einem gewissen Grade, auch glaubt?), von einem übernatürlichen Geist durchdrungen zu sein, den er aus seinem Körper ausfahren läßt und gewaltsam in den des unter eine Decke gekauerten Novizen projiziert, während man das Pfeifen hört, das klangliche Emblem besagten Geistes; bis hin zur Herstellung der Masken und Automaten, in denen sich die aktive Präsenz anderer Geister manifestiert; bis hin schließlich zu den großen Spektakeln, wie sie einige späte Zeugen beschrieben haben.

Es ist die von einem gelungenen Schauspiel ausgelöste ästhetische Emotion, die rückwirkend dem Glauben an seinen übernatürlichen Ursprung seine Bestätigung verleiht; sogar, wie man einräumen muß, im Denken der Schöpfer und Akteure, für die – gerade weil sie sich ihrer Tricks bewußt waren – die Verbindung nur eine bestenfalls hypothetische Existenz haben konnte: *»Das alles war also wahr, weil trotz der Schwierigkeiten, die wir uns einzuführen bemüht haben, doch alles geklappt hat.«* Umgekehrt drohte ein mißlungenes Schauspiel, das den Betrug preisgab, die Überzeugung zu untergraben, daß zwischen der menschlichen und der übernatürlichen Welt keinerlei Bruch existiere. Eine gebieterische Überzeugung, denn in diesen hierarchisch strukturierten Gesellschaften erhielten die Macht der Adeligen und die Unterwerfung der Sklaven ihre Sanktion aus dem übernatürlichen Bereich, von dem die ganze gesellschaftliche Ordnung abhing.

Wir selbst verhängen zwar nicht den physischen (wenn auch vielleicht den ökonomischen und sozialen?) Tod über die Künstler, die wir talentlos finden, weil sie uns nicht über uns selbst erheben. Aber stellen wir nicht immer eine Verbindung zwischen der Kunst und dem Übernatürlichen her? Das ist die etymologische Bedeutung des Wortes Enthusiasmus, mit dem wir gern die angesichts großer Kunstwerke empfundene Emotion zum Ausdruck bringen. Ehedem sprach man vom »göttlichen« Raffael, und das Englische verfügt in seinem ästhetischen Vokabular über den Ausdruck *out of this world*. Auch in diesem Falle genügt es, Glaubensinhalte und Praktiken aus dem Wörtlichen ins Figurative zu übertragen, um ihnen einen Zug von vertrauter Verbundenheit mit den unseren zu verleihen.

In dieser Region Amerikas hat der Status des Künstlers eine beunruhigende, wenn nicht sogar düstere Konnotation: er ist auf der sozialen Stufenleiter zwar sehr weit oben plaziert, aber zur Täuschung genötigt und wird zum Selbstmord gezwungen oder ermordet, wenn er versagt. Dennoch entwerfen bestimmte Mythen aus derselben Region vom Künstler ein poetisches und reizvolles Porträt.

Die Tlingit in Alaska, unmittelbare Nachbarn der Tsimshian, erzählen, daß ein junger Häuptling von den Charlotte-Inseln, also Haida-Territorium, seine Frau zärtlich liebte. Sie wurde krank und starb trotz seiner hingebungsvollen Pflege. Der untröstliche Gatte forschte überall nach, um einen Bildhauer zu finden, der in der Lage war, die Gesichtszüge der Verstorbenen zu reproduzieren: vergeblich. Im selben Dorf lebte nun aber ein angesehener Bildhauer. Eines Tages begegnete er dem Witwer und sagte zu ihm: *»Du eilst von Dorf zu Dorf und findest niemanden, der dir ein Bildnis deiner Frau machen könnte, nicht wahr? Ich habe sie oft gesehen, wenn ihr zusammen spazierengegangen seid, ohne allerdings je ihr Gesicht im Bewußtsein studiert zu haben, daß du sie eines Tages darstellen lassen wolltest; aber wenn du erlaubst, will ich es versuchen.«*

Der Bildhauer besorgte sich einen Thuya-Holzklotz und machte sich an die Arbeit. Nach Vollendung seines Werkes behängte er es mit Kleidern der Toten und rief den Gatten herbei. Voller Freude nahm der die Statue mit sich und fragte den Bildhauer, wieviel er ihm schulde: *»Was du willst«*, antwortete der andere, *»aber ich habe aus Mitgefühl für dich so gehandelt, gib mir also nicht zuviel.«* Der junge Häuptling bezahlte den Bildhauer dennoch reich, sowohl mit Sklaven als auch mit anderen Gütern.

Der Künstler, so berühmt, daß nicht einmal ein Adeliger ihn zu umwerben wagt; der es, bevor er ein Porträt in Angriff nimmt, für vorteilhaft hält, daß er zuvor die Physiognomie des Modells hat studieren können; der es nicht zuläßt, daß man ihm bei der Arbeit zusieht; dessen Werke sehr viel wert sind; und der sich bei Gelegenheit menschlich und uneigennützig zeigt: ist das nicht wirklich das ideale Porträt eines großen Malers oder Bildhauers, sogar eines zeitgenössischen? Nur zu gern sähen wir alle unsere Künstler diesem ähnlich.

Der junge Häuptling, fährt der Mythos fort, behandelte die Statue wie ein Lebewesen. Eines Tages hatte er sogar den Eindruck, als ob sie sich regte. Die Besucher gerieten angesichts der Ähnlichkeit in Verzückung. Mit der Zeit schien die Statue einer Menschenfrau völlig ähnlich zu werden (man errät die Fortsetzung). Tatsächlich gab die Statue etwas später ein Geräusch wie von krachendem Holz von sich. Man hob sie hoch und entdeckte einen kleinen Baum, der darunter aufsproß. Man ließ ihn wachsen, und deshalb sind die Thuyas der Charlotte-Inseln so schön. Wenn man einen schönen Baum sucht und findet, sagt man: *»Er ist schön wie das Kind der Frau des Häuptlings.«* Was die Statue betraf, so regte sie sich kaum; ihr Gatte aber wußte aus seinen Träumen, daß sie sich an ihn wandte, und verstand, was sie ihm sagte.

Die Tsimshian (denen die Tlingit als Bewunderer ihrer Kunst häufig Aufträge erteilten) erzählen die Geschichte ganz anders. Der Witwer bildhauert selbst eine Statue der Verstorbenen. Er behandelt sie, als ob sie lebte, und stellt sich, als unterhalte er sich mit ihr, indem er Fragen und Antworten vortäuscht. Zwei Schwestern dringen eines Tages in seine Hütte ein, verstecken sich, sehen den Mann die Holzstatue umarmen und an seine Brust drücken. Das bringt sie zum Lachen, der Mann entdeckt sie und lädt sie zum Essen ein. Die Jüngere ißt sehr zurückhaltend, die Ältere stopft sich voll. Später wird sie im Schlaf von Bauchgrimmen erfaßt und erbricht sich. Die Jüngere und der Witwer beschließen zu heiraten und verloben sich miteinander: Er wird die Statue verbrennen und die Schmach der Älteren verheimlichen;

und sie wird niemandem erzählen, *»was er alles mit der Holzstatue angestellt hat«*.

Die Parallele zwischen (quantitativem) Mißbrauch von Nahrung und (qualitativem) Mißbrauch sexuellen Begehrens ist verblüffend, denn es handelt sich in beiden Fällen um einen Kommunikationsmißbrauch: bis zum Exzeß essen, mit einer Statue kopulieren, als ob sie lebendig sei – beides sind, auf unterschiedlichen Ebenen, Verhaltensweisen, die sich um so eher miteinander vergleichen lassen, als die Sprachen der Welt (eingeschlossen, auf metaphorischer Ebene, die unsere) häufig dieselben Wörter benutzen, um »essen« und »kopulieren« zu bezeichnen.

Gleichwohl behandeln der Tlingit- und der Tsimshian-Mythos ihr gemeinsames Thema nicht auf dieselbe Weise. Der zweite mißbilligt die Ineinssetzung eines Menschenwesens und einer Holzstatue. Richtig ist, daß diese Statue das Werk eines Amateurs war, und ich habe bereits darauf hingewiesen, mit welchen Mysterien die Maler und Bildhauer der Tsimshian, diese großen Professionellen, ihre Praktiken umgaben. Die Kunst als Leben erscheinen zu lassen, war ihr Privileg und zugleich ihre Verpflichtung. Und da diese vom Kunstwerk hervorgebrachte Illusion darauf abzielte, die Verbindung von sozialem und übernatürlichem Bereich zu beglaubigen, hätte man es nur ungern gesehen, daß ein gewöhnliches Individuum sie zu sentimentalen und partikulären Interessen mißbrauchte. In den Augen der von den beiden Mädchen verkörperten öffentlichen Meinung mußte das Verhalten eines in ein Trugbild verliebten Häuptlings skandalös oder doch zumindest lächerlich erscheinen.

Der Tlingit-Mythos macht sich vom Kunstwerk eine andere Vorstellung. Das Verhalten des Witwers erregt keinerlei Anstoß: man drängt sich geradezu bei ihm, um das Meisterwerk zu bewundern. Aber die Statue hat einen großen Meister als Urheber und bleibt (trotz oder gerade deswegen) auf halbem Wege zwischen Leben und Kunst stehen. Das Pflanzliche erzeugt nur Pflanzliches, eine Frau aus Holz kann nur einen Baum entbinden. Aus der Kunst macht der Tlingit-Mythos ein autonomes Reich: Das Werk etabliert sich diesseits und jenseits der Intentionen seines Autors. Der verliert die Kontrolle darüber, sobald er es geschaffen hat, und es entwickelt sich fortan gemäß seinem eigenen Wesen. Anders ausgedrückt: Für das Kunstwerk besteht die einzige Art und Weise, sich zu verewigen, darin, anderen Kunstwerken zur Entstehung zu verhelfen, die ihren Zeitgenossen dann lebendiger erscheinen als diejenigen, die ihnen unmittelbar vorausgegangen sind.

Im Maßstab von Jahrtausenden gesehen, verfließen die menschlichen Leidenschaften ineinander. Die Zeit fügt den Liebes- und Haßregungen der Menschen nichts hinzu, noch entzieht sie ihnen etwas, ihren Verstrickungen, ihren Kämpfen und ihren Hoffnungen: es sind, einst und heute, immer dieselben. Die zufällige Unterdrückung von zehn oder zwanzig Jahrhunderten Geschichte beeinträchtigte unsere Kenntnis des Wesens des Menschen nur unmerklich. Der einzige unersetzliche Verlust wäre der Verlust an Kunstwerken, die diese Jahrhunderte hätten entstehen sehen. Denn die Menschen unterscheiden sich nur, ja, existieren überhaupt nur durch ihre Werke. Wie die Holzstatue, die einen Baum zur Welt brachte, liefern allein sie den Beweis, daß sich im Laufe der Zeiten unter den Menschen wirklich etwas ereignet hat.

Anhang

Zitierte Werke

I

Proust, M., *A l'ombre des jeunes filles en fleurs*, 2. Teil: »Noms de pays: le pays«.
Ders., Le Temps retrouvé, Paris (Pléiade) 1954, S. 882, 900, 1033 ff.
Curtis, J.-L., *Lectures en liberté*, Paris (Flammarion) 1991, S. 86.

II

Schapiro, M., »Seurat and La Grande Jatte«, in *Columbia Review* 1935.
Diderot, D., »Essais sur la peinture«, in *Œuvres esthétiques*, Paris (Garnier) 1959, S. 719 und 825.
Champaigne, Ph. de, zit. in J. Thuillier, »Pour un Corpus pussianum«, in *Actes du Colloque international Nicolas Poussin*, Paris 1960, S. 159.
Delacroix, E., *Journal*, 23. Sept. 1854, 27. April 1853, 28. April 1853, 16. Juni 1851, 1. Nov. 1852, 6. Juni 1851, 11. Mai 1847, 27. Feb. 1850, Paris (Plon) 1932.
Coypel, A., »L'esthétique du peintre«, in H. Join (Hrsg.), *Conférences de l'Académie royale de Peinture et de Sculpture*, Paris (Quantin) 1883, S. 315.
Ingres, J. A. D., »Notes et pensées«, in H. Delaborde, *Ingres, sa vie, ses travaux, sa doctrine d'apres les notes manuscrites et les lettres du maître*, Paris (Plon) 1870, S. 136.
Félibien, A., *Journal*, zit. in J. Thuillier, *op. cit.*, S. 80.
Ders., *Entretiens sur la vie et les ouvrages des plus excellens peintres anciens et modernes*, Rev. u. korr. Ausgabe, 6 Bde., Trévoux 1725, Bd. 4, Achter Eintrag.
Ders., »Vie de Poussin«, in *Lettres de Nicolas Poussin*, Paris (Wittmann) 1945, S. 13 f.
Blunt, A., *Nicolas Poussin I, Text; II, Plates* (A. W. Mellon Lectures in the Fine Arts), Washington, D. C., 1967, I, S. 242 ff.

III

Panofsky, E., »*Et in Arcadia Ego*: On the Conception of Transcience in Poussin and Watteau«, in *Philosophy and History. Essays Presented to Ernst Cassirer*,

Oxford (Clarendon Press) 1936; erneut veröffentlicht in *Meaning in the Visual Arts*, Garden City, N. Y., (Doubleday Anchor Books) 1955.
Diderot, D., Œuvres complètes, hrsg. von J. Assézat, Paris 1875–1877, Bd. 7, S. 353.
Jaucourt, L. de, Artikel »Paysagiste« in *Enzyclopédie*.

IV

Félibien, A., *Entretiens, op. cit.*, S. 90–115.
Champaigne, Ph. de, in H. Join (Hrsg.), *Conférences de l'Académie, op. cit.*, S. 91.
Reynolds, J., *Discours sur la peinture*, übs. von L. Dimier, Paris (Laurens) 1909, S. 162.
Le Brun, Ch., zit. in A. Fontaine, *Les Doctrines d'art en France. Peintres, amateurs, critiques de Poussin à Diderot*, Paris (Laurens) 1909, S. 82.
Piles, R. de, *Conversations sur la connoissance de la peinture*, Paris (Nicolas Langlois) 1677, S. 260.

V

H. Join (Hrsg.), *Conférences de l'Academie, op. cit.*, S. 90–97.
Yoe, M. R., »Catlin's Indians«, *John Hopkins Magazine*, Juni 1983, S. 29.
Diderot, D., Salon de 1763 (siehe Kap. XI).
Goncourt, E. u. J. de, »Chardin«, *Gazette des Beaux-Arts*, 1863–1864.
Pascal, B., Pensées, Bd. II, S. 150.
Seznec, J., »John Martin en France«, *All Souls Studies IV*, London (Faber & Faber) 1964. S. 48 f.
Plutarch, »Propos de Table«, in *Les Œuvres meslées*, trad. Amyot, Paris 1584, II, S. 119.
Chabanon, M.P.G. de, *De la Musique* (siehe Kap. XIV), S. 50.
Rousseau, J.-J., *Lettre sur la musique française*.
Morellet, A., *Mélanges de littérature et de philosophie*, 4 Bde., Paris 1818, Bd. 4, S. 395.

VI

Ingres, J.A.D., »Notes et pensées«, *op. cit.*, S. 162, 136, 132, 159, 133, 150, 115, 129, 153.
Delacroix, E., *Journal*, 13. Jan. 1857, 17. Okt. 1853.
Félibien, A., *Entretiens, op. cit.*, Bd. 3, S. 194; Bd. 4, S. 13, 113, 155 f.
Diderot, D., »Essais sur la peinture«, *op. cit.*, S. 834.
Blanc, Ch., *Les Artistes de mon temps*, Paris (Firmin Didot) 1876, S. 23 f und 72.
Delacroix, E., zit. in E. Amaury-Duval, *L'Atelier d'Ingres*, hrsg. von Élie Faure, 3. Aufl., Paris (Crès) 1924, S. 12 und 241.
Menpes, M., »A Lesson from Khiosi«, *The Magazine of Art*, April 1888.
Riegl, A., *Grammaire historique des arts plastiques*, Paris (Klincksieck) 1978, S. 109.

VII

Balzac, H. de, *Beatrix*.
Chabanon, M.P.G. de, *De la Musique* (siehe Kap. XIV), S. 369.
Wagner, R., *Sämtliche Briefe*, 8 Bde., Deutscher Verlag für Musik (Leipzig) 1980–1991.
Amaury-Duval, E., *L'Atelier d'Ingres, op. cit.*, S. 47.
Wagner, C., *Die Tagebücher*, 4 Bde., hg. und komm. von Martin Gregor-Dellin und Dietrich Mack, 2. rev. Aufl., München (Piper) 1982.
Wind, E., *Art et anarchie*, Paris (Gallimard) 1988, S. 34.
Newton, I., *Traité d'Optique* ..., trad. Coste, 2. frz. Aufl., Paris (Montalant) 1772, S. 241, 335f, 449, 513.

VIII

Adam, A., »Rameau«, Revue contemporaine, 15. Okt. 1852.
Ders., *Derniers Souvenirs d'un musicien*, Paris (Michel Lévy frères) 1859, S. 61 f.
Masson, P.-M., *L'Opera de Rameau*, Paris (Henri Laurens) 1930, S. 491.
Anonym, *Réponse à la Critique de l'opéra de* Castor *et observations sur la musique*, Paris 1773, S. 43 f, 38 f und 45.
Rameau, J.-Ph., *OEuvres complètes*, hrsg. von C. Saint-Saëns, Paris (Durand), Bd. 8, S. 1903.
Lajarte, Th. de, *Castor et Pollux*, Ausgabe für Klavier und Gesang, Paris (Th. Michelis) o.J., S. 3.
Rameau, J.-Ph., *Castor et Pollux*, Bibliothèque nationale, Vm2 331 & 334.

IX

Adam, A., *Derniers Souvenirs, op. cit.*, S. 61.
Anonym, *Mercure de France*, Juli 1782, S. 42 f und 45.
[Chabanon], »Sur la Musique, à l'occasion de *Castor*«, *Mercure de France*, April 1772, S. 165 ff.
Chabanon, M.P.G. de, *Éloge de M. Rameau*, Paris (Lambert) 1764, S. 36.
Ders., *De la Musique* ... (siehe Kap. XIV), S. 116 und 192.
Rameau, J.-Ph., *Code de Musique pratique* ..., Paris (Imprimerie Royale) 1760, S. 168.
Berlioz, H., »De Rameau et de quelques-uns de ses ouvrages«, *Revue et Gazette musicale*, 1842, S. 442.
Masson, P.-M., *L'Opera de Rameau, op. cit.*, S. 218, 255, 443, 480f.

X

Diderot, D., »Essais sur la peinture«, *op. cit.*, S. 718 und 765.
Wind, E., *Pagan Mysteries in the Renaissance*, Penguin Books 1967, S. 113–127.
Rousseau, J.-J., *Essai sur l'Origine des Langues*, Kap. XIII und XVI.
Starobinski, J., »Présentation« in *ebenda*, Paris (Gallimard) 1990, S. 43.
Batteux, Ch., *Les Beaux-Arts réduits à un même principe*, Paris (Durand) 1746, S. 260, 263, 269.

Rousseau, J.-J., »De l'Imitation théâtrale. Essai tiré des dialogues de Platon«, in *Œuvres complètes*, Paris (Desiez) 1837, Bd. 2, S. 183–191.
Ingres, J. A. D., »Notes et pensées«, *op. cit.*, S. 123.

XI

Poussin, N., »Lettre à Jacques Stella«, in A. Félibien, *Entretiens, op. cit.*
Le Brun, Ch., »Discours sur *La Manne*«, in H. Join (Hrsg.), *Conférences de l'Academie, op. cit.*, S. 61 f.
Félibien, A., *Entretiens, op. cit.*, S. 139 ff.
Diderot, D., Artikel »Composition«, in *Encyclopédie*.
Ders., *Salons*, hrsg. von J. Seznec und J. Adhémar, 4 Bde., Oxford (Clarendon Press) 1957–1967: Salons de 1759, 1763, 1767.
Ders., »Éloge de Richardson«, in *Œuvres esthétiques, op. cit.*, S. 30 f.

XII

Diderot, D., Artikel »Beau«, in *Encyclopédie*.
Ders., *Lettre sur les sourds et muets*, komm. und hrsg. von P.-H. Meyer (*Diderot Studies VII*), Genf (Droz) 1965, S. 70–89, 101, 163, 212.
Gilman, M., *Imagination and Creation in Diderot* (*Diderot Studies II*), Genf (Droz) 1952, S. 214.
Batteux, Ch., *Les Beux-Arts…, op. cit.*, S. 169–173, 94.
Poussin, N., *Lettres et propos sur l'art*, Textes réunis & présentés par A. Blunt, 2. Aufl., Paris (Hermann) 1989, S. 45.

XIII

Kant, I., *Kritik der Urteilskraft*, Buch II.
Mandelbrot, B., *Fractals: Form, Chance, and Dimension*, San Francisco (W.-H. Freeman) 1977.
Duval, P. M., *Les Celtes* (L'Univers des Formes), Paris (Gallimard) 1977.
Balzac, H. de, *Gambara*.
Rosen, Ch., *Le Style classique*, Paris (Gallimard) 1978, S. 521 und 551.
Dewdney, A. K., »Wallpaper for the Mind«, *Scientific American*, vol. 255, Nr. 3, September 1986.

XIV

Jakobson, R., *Questions de poétique*, Paris (Seuil) 1973, S. 102 ff.
Rousseau, J.-J., *Dictionnaire de musique*, Artikel »Harmonie«.
Ders., *Essai sur l'Origine des Langues*, Kap. XIV.
Batteux, Ch., *Les Beaux-Arts…, op. cit.*, S. 281.
Helmholtz, H. von, *Die Lehre von den Tonempfindungen als physiologische Grundlage für die Theorie der Musik*, Hildesheim (Olms) 1983.
Tamba, A., »Le concept japonais de création«, *Traverses*, Nr. 38–39, November 1986, S. 232.

Lord, A.B., *The Singer of Tales*, Harvard Univ. Press 1960, S. 30.
Michotte, E., *Souvenirs personnels. La Visite de Wagner à Rossini*, Paris (Fischbacher) 1860.
Chabanon, M.P.G. de, *De la Musique considerée en elle-même et dans ses rapport avec la parole, les langues, la poésie et le théâtre*, Paris (Pissot) 1785, S. 158, 50–53, 56–60, 355.
Morellet, A., »De l'Expression en Musique«, *Mercure de France*, November 1771, S. 123.
Chabanon, M.P.G. de, *Éloge de M. Rameau, op. cit.*, S. 16.

XV

Chabanon, M.P.G. de, *De la Musique…, op. cit.*, S. 27, 166, 135, 168, 73, 115 f, 65, 207 ff, 201 f, 213 f, 400, 407, 442 f, 30–33, 49, 193, 29, 38, 169, 171, 348, 28.
Ders., *Éloge de M. Rameau, op. cit.*, S. 22 f, 38, 45–48.
Rousseau, J.-J., *Lettre sur la Musique française.*
Sherlock, M., *Nouvelles Lettres d'un voyageur anglais*, London/Paris 1780, S. 161–207.
Batteux, Ch., »Traité de la construction oratoire«, in *Principes de la Littérature*, Paris 1774, Bd. 5,2, Kap. I und II.

XVI

Chabanon, M.P.G. de, *De la Musique…, op. cit.*, S. 371, 447–450, 84, 456, 459, 133, 393, 3.
Rousseau, J.-J., Artikel »Musique«, in *Encyclopédie.*
Lévi-Strauss, C., *Das Rohe und das Gekochte*, Mythologica, übs. von Eva von Moldenhauer, 4 Bde., Frankfurt a.M. (Suhrkamp) 1976, Bd. 1.
Marmontel, J.-F., Artikel »Arts libéraux«, in *Supplément à l'Encyclopédie*, Bd. I, Amsterdam (Rey) 1776).
Ders., *Mémoires d'un père pour servir à l'instruction de ses enfans*, 4 Bde., in *Œuvres posthumes*, Paris 1804.
Chabanon, M.P.G. de, *Observations sur la Musique et principalement sur la métaphysique de l'Art*, Paris 1779.

XVII

Chabanon, M.P.G. de, *Éloge de M. Rameau, op. cit.*, S. 54, 32, 34.
Ders., *De la Musique…, op. cit.*, S. 92 f, 359, 236, 95 f, 98 f, 101, 296 ff, 291 ff, 235 ff, 301, 184, 2 f.

XVIII

Leiris, M., *Operatiques*, Paris (P.O.L.) 1992, S. 110, 117 ff, 51, 135, 47, 105 f, 131, 57, 190.
Ders., *Journal* 1922–1989, Paris (Gallimard) 1992, S. 485 ff.
Lévi-Strauss, C., *Das Rohe und das Gekochte, op. cit.*

Ders., »De Chrétiens de Troyes à Richard Wagner«, in *Le Regard éloigné*, Paris (Plon) 1983, Kap. XVII.
Chabanon, M.P.G. de, *De la Musique..., op. cit.*, S. 305, 263, 266, 268f, 192, 270ff, 277, 283, 261, 287, 304, 363, 36, 46, 308–313, 334n.
Ders., *Éloge de M. Rameau, op. cit.*, S. 22.
La Bruyère, J. de, *Les Caractères*, Kap. I.
Batteux, Ch., *Les Beaux-Arts..., op. cit.*, S. 211.
Wagner, R., *Sämtliche Briefe, op. cit.*
Hannetaire, D', *Réflexions sur l'Art du Comédien*, 4. Aufl., 1776., S. 27.
Lévi-Strauss, C., *Der nackte Mensch*, Mythologica, *op. cit.*, Bd. 4.

XIX

Castel, R.B., *L'Optique des couleurs*, Paris (Briasson) 1740, S. 302, 305, 314, 105, 431, 118, 46–57, 210f, 446, 156ff.
Ders., *Description de l'orgue ou du clavecin oculaire (...) par le célèbre M. Tellemann, Musicien, ebenda*, S. 473–487.
Parra, F., »Les bases physiologiques de la vision des couleurs«, in S. Tornay (Hrsg.), *Voir et nommer les couleurs*, Nanterre (Laboratoire d'ethnologie et de sociologie comparative) 1978.
Albright, Th.D., »Color and the integration of motion signals«, *Trends in Neuroscience*, vol. 14, Nr. 7, 1991.
Diderot, D., *Les Bijoux indiscrets*, Kap. XIX.
Rimbaud, A., *Œuvres complètes*, Pléiade 1954.
Jakobson, R. (und Linda Waugh), *The Sound Shape of Language*, Bloomington (Indiana Univ. Press) 1979, S. 193.
Clavière, J., »L'audition colorée«, *Année Psychologique* 5, 1899, S. 171f.
Valéry, P., »Triomphe de Manet«, in *Manet, Paris, Orangerie*, 1932, XIV-XVI.
Rimbaud, A., *Œuvres complètes: Being Beauteous, Les Mains de Marie-Jeanne, Les Premières Communions, Mes Petites Amoureuses, Michel et Christine.*
Baudelaire, Ch., *Œuvres complètes*, Pleiade 1961: *Salon de* 1846, L'Ideal, Le Possédé, Harmonie du Soir.
Jakobson, R. (und J. Lotz), »Notes on the French Phonemic Pattern«, in *Selected Writings*, Bd. I., 'S-Gravenhage (Mouton) 1962, S. 431.
Ders., *The Sound Shape..., op. cit.*, S. 151f.
Gautier, Th., »Haschich«, *La Presse*, 10. Juli 1843.
Mac Laury, R.E., »From Brightness to Hue: An Explanatory Model of Color-Category Evolution«, *Current Anthropology* 33, Nr. 2, April 1992.
Rimbaud, A., *Œuvres complètes, op. cit.: Ce qu'on dit au poète, Derniers vers, L'Éclantante Victoire de Sarrebrück, Mes Petites Amoureuses, l'Orgie parisienne, Le Bateau Ivre.*
Castel, R.B., *L'Optique des couleurs*, op. cit., S. 135, 270, 400.
Albright, Th.D., »Color and the Integration ...«, *op. cit.*, S. 267n.
Chabanon, M.P.G. de, *De la Musique..., op. cit.*, S. 215.
Jakobson, R., *The Sound Shape, op. cit.*, S. 133.

XX

Lévi-Strauss, C., *Traurige Tropen*, übs. von Eva Moldenhauer, Frankfurt a.M. (Suhrkamp) 1978.

XXI

Lévi-Strauss, C., *Der nackte Mensch, op. cit.*

Gobineau, A. de, *Essai sur l'inégalité des races humaines*, Neudruck Paris (Belfond) 1967, S. 872 f. Dt. Übers. von Ludwig Schemann, Versuch über die Ungleichheit der Menschenracen, 4 Bde., Stuttgart 1898–1901, Bd. 4, S. 322.

XXII

Boas, F., »Decorative Designs of Alaskan Needle-cases...«, *Proceedings of the U.S. National Museum*, Vol. 34, 1908; erneut veröffentlicht in *Race, Language and Culture*, New York (Macmillan) 1940, S. 588 f.

Demetracopoulou Lee, D., zit. in C. Lévi-Strauss, *Anthropologie structurale*, Paris (Plon) 1958, S. 197 f.

Walker, J.R., »The Sun Dance and other Ceremonies of the Oglala Division of the Teton Dakota«, *Anthropological Papers of the American Museum of Natural History*, Vol. XVI, Teil II, 1917, S. 194 f.

Kant, I., *Kritik der Urteilskraft*, Teil 1, Buch II, §53.

Ingres, J.A.D., »Notes et pensées«, *op. cit.*, S. 95 f.

Boas, F., *Primitive Art*, Oslo 1927, S. 29, 46–54 und passim.

Benveniste, E., *Problèmes de Linguistique générale*, Paris (Gallimard) 1966, Bd. I, S. 327–355.

Cabanne, P., *Entretiens avec Marcel Duchamp*, Paris (Belfond) 1967, S. 57 f.

XXIII

Diderot/D'Alembert, *Encyclopédie*, Artikel »Vannerie«, »Mandrerie«, »Closerie«, »Faisserie«, »Lasserie«; *La Grande Encyclopédie*, Paris 1885–1903, Artikel »Vannerie«.

Shackelford, R.S., »Legend of the Klickitat Basket«, *American Anthropologist*, II, 1900, S. 779 f.

Holmes, W.M., »A Study of the Textile Art...«, *Sixth Annual Report, Bureau of American Ethnology* (1884–1885), Washington, D.C., 1888, Abb. 289, S. 199.

Barrett, S.A., *Pomo Myths*, Milwaukee (Bulletin of the Public Museum, Vol. 15) 1933, S. 380 ff, 301 f, 124.

Hill-Tout, Ch., *The Natives of British North America*, London 1907, S. 113.

Eells, M., *The Indians of Puget Sound. The Notebook of...*, Univ. of Washington Press 1985, S. 96.

Haeberlin, H.K. und E. Gunther, »The Indians of Puget Sound«, *University of Washington Publications in Anthropology*, 4/1, 1930, S. 33.

Jacobs, M., »Kalapuya Texts«, *ebenda* 11, 1945, S. 20, 25, 37 f.

Haeberlin, H.K., J.A. Teit und H.H. Roberts, »Coiled Basketry in British

Columbia«, *Fourty-first Annual Report, Bureau of American Ethnology* (1919–1924), Washington, D.C., 1928, S. 390.
Sapir, E., »Wishram Texts«, *Publications of the American Ethnological Society*, 2, Leyden 1909, S. 35.
Adamson, Th., »Folk-Tales of the Coast Salish«, *Memoirs of the American Folk-Lore Society, XVII*, New York 1934, S. 254.
Ballard, A.C., »Mythology of Southern Puget Sound«, *University of Washington Publications in Anthropology*, 3/2, 1929, S. 104.
Boas, F., »Zur Mythologie der Indianer von Washington und Oregon«, *Globus* 63, 1983.
Jacobs, M., »Northwest Sahaptin Texts«, *Columbia University Contributions to Anthropology*, 19/1–2, 1934, S. 188f.
Cadogan, L., »Ayvu Rapita...«, *Antropologia* 5, Boletim 227, Universidade de São Paulo 1959, S. 82.
Clastres, P., *Le Grand Parler*, Paris (Seuil) 1974, S. 76f.
Magalhaes, Couto de, *O Selvagen*, 4. Aufl., São Paulo (Biblioteca Pedagogica Brasileira) 1940, S. 233.
Hissink, K. und A. Hahn, *Die Tacana. I. Erzählungsgut*, Stuttgart 1961, S. 367, 85, 226.
Toth, N., D. Clark und G. Ligabue, »The Last Stone Ax Masters«, *Scientific American*, Juli 1992.
Ikeda, H., *A Type and Motif Index of Japanese Folk Literature*, (FF Communications, Vol. LXXXIX, Nr. 209), Helsinki (Academia Scientiarum Fennica) 1971, S. 326 B, C, G.
Yanagita, K., *Japanese Folk Tales*, Tokyo News Service 1966, S. 60f.
Baudelaire, Ch., *Œuvres complètes, op. cit.*, S. 213f.

XXIV

Walker, J.R., *Lakota Belief and Ritual*, University of Nebraska Press 1991, S. 165f.
Boas, F., »Tsimshian Mythology«, *Thirty-first Annual Report, Bureau of American Ethnology* (1909–1910), Washington, D.C., 1916, S. 555, 152ff.
Seguin, M. (Hrsg.), *The Tsimshian. Images of the Past. Views for the Present*, Vancouver (University of British Columbia Press) 1984, S. 164, 287f.
Boas, F., »The Nass River Indians«, in *Report of the British Association for the Advancement of Science for* 1895, S. 580.
Swanton, J.R., »Haida Texts«, *Memoirs of the American Museum of Natural History*, Vol. XIV, New York 1908, S. 457 und 489.
Ders., »Tlingit Myths and Texts«, *Bulletin* 39, Bureau of American Ethnology, Washington, D.C., 1909, S. 181f.

Namenregister